U0742862

商洛学院教材建设基金资助

东秦岭（商洛市）地质地貌野外实习指导书

主编　李晓刚

参编　王　鹏　朱美玲　范文博

西安交通大学出版社
XI'AN JIAOTONG UNIVERSITY PRESS

国家一级出版社
全国百佳图书出版单位

内 容 提 要

本书介绍了地质地貌野外实习基础知识和东秦岭(商洛市)的自然地理概况、区域地质背景,以商洛市山间盆地地层层序特征和秦岭造山带为基础内容,重点阐述了五个典型的实习区和地质剖面的测绘。本书吸收了关于东秦岭和丹江最新发表的科学研究成果。本书既包括基础性的实习准备内容,也包含商洛学院在东秦岭(商洛市)的考察研究成果。

本书可作为高等院校地理科学类和地质学类专业地质地貌野外实习参考书,也可供相关专业教师、学生参考使用。

图书在版编目(CIP)数据

东秦岭(商洛市)地质地貌野外实习指导书 / 李晓刚主编. — 西安 : 西安交通大学出版社,2019.6
ISBN 978 - 7 - 5693 - 1203 - 4

Ⅰ. ①东… Ⅱ. ①李… Ⅲ. ①秦岭-地质构造-教育实习-教材 ②秦岭-地貌学-教育实习-教材 Ⅳ. ①P942

中国版本图书馆 CIP 数据核字(2019)第 112282 号

书 名	东秦岭(商洛市)地质地貌野外实习指导书
主 编	李晓刚
责任编辑	王建洪

出版发行 西安交通大学出版社
　　　　　(西安市兴庆南路 1 号　邮政编码 710048)
网　址　http://www. xjtupress. com
电　话　(029)82668357　82667874(发行中心)
　　　　　(029)82668315(总编办)
传　真　(029)82668280
印　刷　西安日报社印务中心
开　本　787mm×1092mm　1/16　印张 11.25　字数 282 千字
版次印次 2020 年 4 月第 1 版　　2020 年 4 月第 1 次印刷
书　号　ISBN 978 - 7 - 5693 - 1203 - 4
定　价　34.80 元

前 言

"读万卷书,行万里路"是地球科学工作者的真实写照,也说明地球科学的专业教学需要理论教学与实践环节并重。野外实践教学遵循知识、能力、素质并重的培养模式,是地学人才培养不可或缺的重要环节。野外考察实习是地理学的主要学科特色,也是地理学研究获取科学资料的基本要求之一。地质地貌学的野外实习是地理科学专业必备的实践教学环节。通过选择具有代表性、综合性的典型区域和线路进行地质地貌野外实习,既可以使学生把理论知识与实习实践结合起来,也可以帮助学生建立空间概念,培养学生的动手能力和分析地质地貌现象的能力,激发学生对科学的兴趣和探索精神,最终达到培养地理学创新型和应用型人才的目的。

本教材立足东秦岭(商洛市),以商洛市山间盆地地层层序特征和秦岭造山带为基础内容,重点阐述了五个典型的实习区和地质剖面的测绘。在整理商洛市基础地质地貌资料时,还搜集了最新发表的关于东秦岭和丹江的科学研究成果。

本教材得到了商洛学院教材建设基金、陕西省教育科学"十三五"规划课题(SGH17H349)和商洛学院教育教学改革研究重点项目(16yjx109)的共同资助,西北有色地质勘查局七一三总队王鹏工程师作为学校外聘实习教师对实习路线的选择进行了指导,朱美玲通过中学研学实践教学活动对教材试用版提出诸多修改建议,范文博博士对教材进行了校对工作。西安交通大学出版社为本书出版做了大量而细致的工作,在此表示衷心的感谢。

由于编者水平有限,教材中难免有疏漏和错误,恳请广大师生批评指正。

编 者

2019 年 5 月

目 录

第一章
地质地貌野外实习基础知识

第一节　野外实习工作内容

一、实习的目的和要求

（一）实习目的

（1）巩固和加深理解在课堂上所学的理论知识，并将室内实验认识的岩石和矿物在野外实践中得以充分检验，以及在室内学习的地质罗盘使用方法和地质图判读方法在野外实习中得以实操锻炼。

（2）使学生具备野外观测地质地貌现象和分析评价地质灾害、潜在地质问题的初步能力。

（3）进行地质工作基本方法和基本技能训练（包括实测地质剖面），培养学生分析问题和解决问题的能力，同时也为后续课程的学习和研究生野外考察打下坚实基础。

（二）实习要求

（1）在教师指导下，逐渐学会野外地质勘测和地貌识别的基本知识和方法，如地质罗盘的使用、地质地貌点的工作内容、地质地貌路线的观测、地质剖面图的测绘等。

（2）仔细观测与认识不同时代地层的主要岩石性质、地质构造特征、不同地貌形态，初步具有观测和分析野外地质现象的能力。

（3）对实习地区的地质条件及地质地貌问题进行初步归纳、分析。

（4）认真完成所规定的实习内容，并根据野外实测观察资料、记录、标本及作业等，编写实习报告和绘制基本图件，以巩固实习效果和提高独立思考的能力。

二、实习思想准备工作

（1）带队教师。实习前首先要做好思想动员和组织准备工作，讲明实习目的和实习具体要求，宣布实习管理条例，要求学生严格遵守。其次要保证实习任务的顺利完成，加强组织领导和做好细致的思想政治工作。

（2）实习学生。野外实习的生活、学习条件相对较差，困难较多，要求学生做好吃苦耐劳、敢于克服困难的思想准备；要求实习队伍必须是一支战斗力强、纪律性严的队伍。在带队实习教师的指导下，每班设正副班长各 2 名（男女各 1 名）。全班分成若干小组，每组 10 人左右，每组设小组长 1 人。小组是完成实习任务的最基本单元，也是实习总结与考核的基本单元。

三、实习内容与方式

(一)地质地貌野外实习教学

1. 实习教学方式与阶段

首先介绍实习地区的地质地貌概要,布置实习内容及地质地貌路线的具体安排。其次采用边讲课、边实习的现场教学方式,紧密结合实地、实物进行教学,逐步培养学生独立学习与工作的能力。实习期间的每个实习路线和实习点大概分为三个阶段的教与学。①认识阶段:教师多讲解,学生多观察;②思考阶段:教师少讲解,学生多提问;③工作阶段:学生观察、分析、讨论,教师答疑。

2. 地质地貌野外教学内容

(1)地质地貌路线观测。主要是通过几条地质地貌现象比较丰富的典型路线,使学生能够观察到尽可能多的地质地貌现象,其具体内容包括:①观察实习地区不同地质时代地层的岩石性质及特征、地层的接触关系、风化情况等。②观察主要的地质构造现象,如褶皱、断层、节理等;测量岩层的产状;确定褶曲的类型;观察分析断层和节理的分布及发育规律等。③地貌观测,如重力地貌(崩塌、滑坡)、河流地貌(河漫滩、河流阶地)、岩溶地貌(石笋、溶洞)、黄土地貌(黄土-古土壤条带)等的分布、形成条件及发育规律等。

(2)地质地貌点的观测与描述。具体包括:地质地貌点的选择,位置的确定,地层时代、岩性特征、产状要素的测定,地质构造特征、地质现象观察,地貌现象观察,地质图的使用,绘制示意剖面图及素描图,标本的采集及描述,等等。

(二)室内资料整理和实习报告撰写

为了进一步巩固和提高野外实习效果,对收集的实际地质地貌资料,应及时进行分析整理,以便得到全面系统的深入认识。配合野外地质地貌教学主要有两项室内工作:野外资料的整理和分析、实习小组汇报与实习报告撰写。

1. 野外资料的整理与分析

野外实习后需对实习中获得的各类资料进行整理,包括初步整理和系统整理。初步整理一般要求在实习当天进行,将当日的野外记录、草绘图件、照片、标本等进行初步的整理,具体包括:对野外记录的补充、修正和批注,草绘图件的初步清绘和校核,照片的编号和注释,标本的分类、包装和初步的处理,等等。系统整理一般在整个实习结束后回到室内进行,需对野外所收获的各种资料进行全面、系统的整理和分析。

2. 实习小组汇报与实习报告撰写

野外实习结束后,以实习小组为单位,让学生将实习情况做成 PPT 向全班汇报。汇报人由各小组推荐或抽签产生。汇报结束后,带队实习教师随机对小组成员进行提问。根据汇报和回答问题情况对小组进行综合评分。

地质地貌野外实习报告应包括以下几个方面的内容。

(1)前言:主要说明实习的目的、意义,实习的时间、地点,实习的主要内容和形式,参加人员,实习区的自然、经济和社会概况等方面内容。

(2)地层:通常首先简述实习区地层系统和接触关系,然后由老到新描述实习期间观察的各地层露头,包括位置、年代、类型、岩石、化石、产状、接触关系等。这部分应附实测地层剖面图、路线地质剖面图、素描图等,并综合做出实习区地层图表。

(3)地质构造:通常先概述实习区大地构造位置和地质构造基本特征,然后描述实习期间观察到的地质构造类型,这部分应附地质构造图、构造素描图、照片等。

(4)地质发展简史:根据地层和地质构造恢复实习区地质发展历史,并以地质时代为序从古及今概述各地质时期所发生的地质实践,说明地壳运动及其证据、古地理状况等。

(5)地貌发育:对实习区内的各种地貌现象归类整理,如重力地貌、流水地貌、岩溶地貌、冰川地貌、风沙地貌、黄土地貌等,论述其形态特征、分布状况及其形成原因。

(6)地质资源与地质地貌问题:简述实习区各种地质资源,包括矿产资源、旅游资源等;根据调查结果并查阅资料,说明实习区存在的地质地貌问题,包括水土流失、地质灾害(崩塌、滑坡、泥石流、地面沉陷等)、石漠化等。

(7)结语:主要说明通过野外实习所取得的成绩、收获和体会,以及存在的问题和不足之处等方面的内容。

第二节　野外实习常用工具及使用方法

地质地貌野外实习工作需要各种必备工具,地质锤、罗盘和放大镜就是过去所说的"三大件"。随着科学技术的发展,地质地貌学野外实习使用的工具,加入了很多新的电子产品,如GPS、数码相机、通信工具等。新老工具的结合,能帮助完成野外实习中的样品采集、观察、测量和定位工作。

一、地质锤、罗盘和放大镜

(一)地质锤

地质锤是野外地质地貌工作者必备工具之一,它是用来敲打岩石的。野外地质地貌工作者的主要任务是观察、鉴定矿物及岩石的组成和岩性。岩石在风吹、日晒、雨淋的条件下,表面已经风化,失去了本来面貌,这样就对地质地貌工作者的鉴定工作带来了很大的困难。要想得到正确的岩石组成和岩性,就得观察岩石的新鲜面。所以野外地质地貌工作者在工作时,经常用地质锤敲开岩石,使得岩石露出新鲜面,以便进行观察和鉴定。

地质锤有多种类型,常用的地质锤重 1 kg,总长 280 mm,头长 170 mm(见图 1-1)。地质锤一般选用优质钢材制成,其式样也随工作地区的岩石性质而异。用于岩浆岩地区的地质锤,多数一端呈长方形或正方形,另一端呈尖形或楔形;用于沉积岩发育的地区,其中一端常呈鹤嘴形。在锤击岩石时,一般敲击棱角比较凸显的部位。地质锤的平角主要用来敲沉积岩的层理,或者是敲较小的石块;钝角方便用手用力砸。需要注意的是,使用地质锤锤击岩石时容易发生石子崩裂,需要小心敲击,因为即使是很小的碎屑也可能造成严重的伤害。

图 1-1　地质锤

使用地质锤还可以初步测量岩石的硬度,即根据敲击岩石的反应来判断岩石硬度,至于硬度到底是多少,那就要根据地质工作者自己的经验去判断。更为重要的是,对于那些由于风化、剥蚀等原因造成表面无法进行测定的岩石,需要利用地质锤敲打出新的岩石层面来进行检测。

(二)放大镜

放大镜是地质地貌工作者野外作业的必备工具之一,通过放大镜的显示放大,能够更快更有效地辨别岩石矿物的颗粒形态以及色泽等。放大镜根据镜片放大倍率、镜片开合方式以及灯光类型等,可以分为很多种类型(见图1-2)。

使用放大镜时,将放大镜放置在一个固定的位置上,将需要观察的岩石、矿物、生物化石,放置在放大镜之下(靠近放大镜),一般左手握着需要观察的标本,右手的大拇指和食指夹持住放大镜,右手的中指轻轻地压在被观察物的表面上,同时移动左右手,使放大镜靠近眼睛,沿眼睛的光线与放大镜之间的直线方向缓缓地移动岩石,直至看清楚物体的结构和构造等细微结构为止。

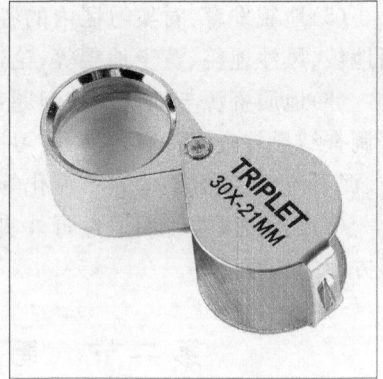

图1-2　地质放大镜

(三)地质罗盘仪

地质罗盘仪是罗盘仪的一种,又称为袖珍经纬仪,通常称为罗盘(见图1-3)。它也是野外地质地貌工作者不可缺少的工具之一,主要用于测量前进方位、测量某目标方向、测量山坡坡度、测量岩层(矿体等)产状。

1.结构

地质罗盘仪式样很多,但结构基本是一致的,我们常用的是圆盆式地质罗盘仪。地质罗盘仪由磁针、刻度盘、测斜仪、瞄准觇板、水准器等几部分安装在一铜、铝或木制的圆盆内组成,如图1-4所示。

图1-3　地质罗盘仪

(1)磁针。一般为中间宽两边尖的菱形钢针,安装在底盘中央的顶针上,可自由转动。不用时应旋紧制动螺丝,将磁针抬起压在玻璃盖上,避免磁针帽与顶针尖的碰撞,以保护顶针尖,延长罗盘使用时间。在进行测量时放松固定螺丝,使磁针自由摆动,最后静止时磁针的指向就是磁针子午线方向。我国位于北半球,磁针两端所受磁力不等,磁针会失去平衡。为了使磁针保持平衡,常在磁针南端绕上几圈铜丝,用此也便于区分磁针的南北两端。

(2)水平刻度盘。水平刻度盘的刻度采用以下标示方式:从0°开始按逆时针方向每10°一记,连续刻至360°,0°和180°分别为N和S,90°和270°分别为E和W。利用水平刻度盘可以直接测得地面两点间直线的磁方位角。

(3)垂直刻度盘。垂直刻度盘专门用来读倾角和坡角度数,以E或W位置为0°,以S或N为90°,每隔10°标记相应数字。

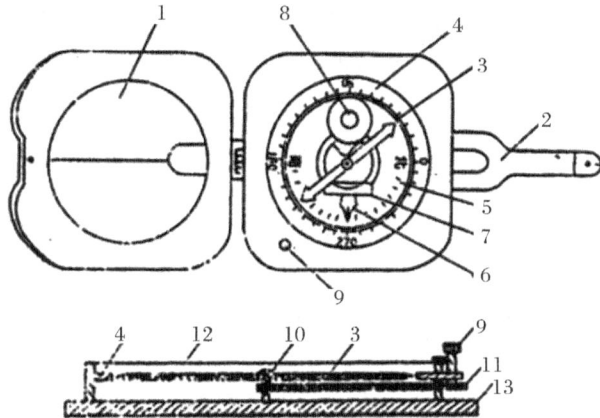

1—反光镜；2—瞄准觇板；3—磁针；4—水平刻度盘；5—垂直刻度盘；6—垂直刻度指示器；7—垂直水准器；
8—底盘水准器；9—磁针固定螺旋；10—顶针；11—杠杆；12—玻璃盖；13—罗盘仪圆盘

图1-4 地质罗盘仪结构简图

(4)悬锥。悬锥是测斜器的重要组成部分,悬挂在磁针的轴下方。通过底盘处的觇板手可使悬锥转动,悬锥中央的尖端所指刻度即为倾角或坡角的度数。

(5)水准器。通常有两个,分别装在圆形玻璃管中,圆形水准器固定在底盘上,长形水准器固定在测斜仪上。

(6)瞄准器。瞄准器包括接物和接目觇板,反光镜中间有细线,下部有透明小孔,使眼睛、细线、目的物三者成一线,作瞄准之用。

2.原理

地质罗盘仪是利用一个磁性物体(即磁针)具有指明磁子午线的一定方向的特性,配合刻度环的读数,可以确定目标相对于磁子午线的方向。根据两个选定的测点(或已知的测点),可以测出另一个未知目标的位置。

3.使用方法

罗盘在使用前必须进行磁偏角的校正。因为地磁的南、北两极与地理上的南、北两极位置不完全相符,即磁子午线与地理子午线不相重合。地球上任一点的磁北方向与该点的正北方向不一致,这两方向间的夹角叫磁偏角。地球上某点磁针北端偏于正北方向的东边叫做东偏,偏于西边称为西偏。东偏为(＋),西偏为(－)。

(1)磁偏角的计算。若某点的磁偏角已知,则一测线的磁方位角 $A_磁$ 和正北方位角 A 的关系为 A 等于 $A_磁$ 加减磁偏角(各大城市磁偏角详见附录一)。应用这一原理可进行磁偏角的校正,校正时可旋动罗盘的刻度螺旋,使水平刻度盘向左或向右转动(磁偏角东偏则向右,西偏则向左),使罗盘底盘南北刻度线与水平刻度盘 $0°\sim180°$ 连线间夹角等于磁偏角。经校正后测量时的读数就为真方位角。

(2)目的方位测量。目的方位测量是测定目的物与测量者间的相对位置关系,也就是测定目的物的方位角(方位角是指从子午线顺时针方向到该测线的夹角)。

测量时放松制动螺丝,使对物觇板指向测物,即使罗盘北端对着目的物,南端靠着测量者,然后进行瞄准,使目的物、对物觇板小孔、玻璃盖上的细丝、对目觇板小孔等连在一条直线上,同时使底盘水准器水泡居中,待磁针静止时指北针所指度数即为所测目的物之方位角(若指针一时静止不了,可读磁针摆动时最小度数的二分之一处,测量其他要素读数时亦同样进行)。

若用测量的对物觇板对着测量者(此时罗盘南端对着目的物)进行瞄准时,指北针读数表示测量者位于测物的什么方向,此时指南针所示读数才是目的物位于测量者什么方向。这是因为两次用罗盘瞄准测物时罗盘之南、北两端正好颠倒,故影响测物与测量者的相对位置。

为了避免时而读指北针,时而读指南针,产生混淆,应以对物觇板指着所求方向恒读指北针,此时所得读数即所求测物之方位角。

(3)测量山坡的坡度。在山顶和山脚处各站1人(最好身高相同),1人同时用罗盘仪测量。测量时先将磁针锁住,然后用右手握着仪器外壳和底盘,长瞄准器在观察者一方,将仪器的平面垂直于水平面,柱形水准器居于下方并用左手调整上盖和长瞄准器,使对方的头部和长瞄准器的小孔同时映入反光镜的圆孔中,并为中心线平分,再用右手的中指调整手把,从反光镜中观测柱形水准器,使气泡居中,此时指示盘上的白线在方向盘上的度数即为此山坡的坡度。

(4)岩层产状测量。岩层产状要素包括岩层的走向、倾向和倾角(见图1-5)。测量岩层产状是野外地质地貌工作最基本的技能之一,必须熟练掌握。

图1-5 岩层产状及其测量方法示意图

①岩层走向的测定。岩层走向是岩层层面与水平面交线的方向,也就是岩层任一高度上水平线的延伸方向。测量时将罗盘长边与层面紧贴,然后转动罗盘,使底盘水准器的水泡居中,读出指针所指刻度即为岩层之走向。

由于走向是代表一条直线的方向,它可以两边延伸,因此指南针或指北针的读数正是该直线之两端延伸方向,如NE30°与SW210°均可代表岩层的走向。

②岩层倾向的测定。岩层倾向是指岩层向下最大倾斜方向线在水平面上的投影,它与岩层走向垂直。测量时,将罗盘北端或接物觇板指向倾斜方向,罗盘南端紧靠着层面并转动罗盘,使底盘水准器水泡居中,读指北针所指刻度即为岩层的倾向。假如在岩层顶面上进行测

量有困难,也可以在岩层底面上测量,仍用对物觇板指向岩层倾斜方向,罗盘北端紧靠底面,读指北针即可。假如测量底面时读指北针受到障碍,则用罗盘南端紧靠岩层底面,读指南针即可。

③岩层倾角的测定。岩层倾角是岩层层面与假想水平面间的最大夹角,即真倾角。它是沿着岩层的真倾斜方向测量得到的,沿其他方向所测得的倾角是视倾角。视倾角永远小于真倾角,也就是说岩层层面上的真倾斜线与水平面的夹角为真倾角,层面上视倾斜线与水平面的夹角为视倾角(见图1-6)。野外分辨层面的真倾斜方向甚为重要,要牢记它恒与走向垂直。此外,可使用小石子在层面上滚动或使水滴在层面上流动,此滚动或流动之方向即为层面之真倾斜方向。测量时,将罗盘直立,并以长边靠着岩层的真倾斜线,沿着层面左右移动罗盘,并用中指拨动罗盘底部之活动扳手,使测斜水准器水泡居中,读出悬锥中尖所指最大度数,即为岩层之真倾角。

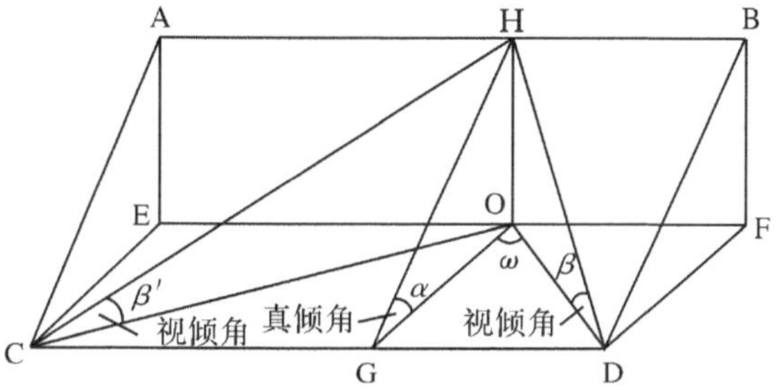

图1-6　真倾角与视倾角

记录岩层产状通常采用下面的方式(方位角记录方式):如果测量出某一岩层走向为310°,倾向为220°,倾角35°,则记录为 NW310°/SW∠35°或310°/SW∠35°或220°∠35°。

野外测量岩层产状时,需要在岩层露头测量,不能在转石(滚石)上测量,因此要区分露头和滚石。对于露头和滚石的区别,主要是多观察和追索并要善于判断。测量岩层面的产状时,如果岩层凹凸不平,可把记录本平放在岩层上当作层面以便进行测量。

4.注意事项

(1)磁针和顶针、玛瑙轴承是仪器最主要的零件,应小心保护,保持干净,以免影响磁针的灵敏度。不用时,应将仪器关上。仪器关上后,通过开关和拨杆的动作将磁针自动抬起,使顶针与玛瑙轴承脱离,以免磨坏顶针。

(2)所有合页不要轻易拆卸,以免松动而影响精度。

(3)仪器尽量避免高温暴晒,以免水泡漏气失灵。

(4)合页转动部分应经常滴些钟表油,以免干磨而折断。

(5)仪器长时期不使用时,应放在通风、干燥地方,以免发霉。

二、GPS 应用及注意事项

野外实习时掌握自己的准确位置,不仅是绝大多数野外工作的工作内容和要求,也是野外实习人员获得安全保障的基本前提之一。在以往的野外工作中,定位主要依靠罗盘和地形图,但使用罗盘难以进行高精度定位。随着电子技术的发展,GPS 成为现代野外实习中不可缺少的重要工具。

GPS 是英文 Global Positioning System(全球定位系统)的简称。GPS 起始于 1958 年美国军方的一个项目,1964 年投入使用。20 世纪 70 年代,美国陆海空三军联合研制了新一代卫星定位系统 GPS,主要目的是为陆海空三大领域提供实时、全天候和全球性的导航服务,并用于情报搜集、核爆监测和应急通信等方面。

(一)GPS 应用

1. 定位

确定位置是 GPS 的基本应用,也是定向、测距的第一步。GPS 接收机有自动定位和手动定位两种定位方式可供选择。随 GPS 接收机型号的不同,自动定位又分为 24 h 连续定位和每隔一定时间(如 10 min)自动开机定位两种。手动定位允许使用者自定义位点的名称,这种标记便于将来的数据处理。定位功能可满足对工作地点、样本采集地等位置精确定位的要求。此外,GPS 接收机还可以根据卫星信息算出 GPS 接收机当时所在位置的海拔高度,然而在山地或密林中卫星信号不好时,GPS 不能对海拔进行精确定位,误差常达 20 m 或更大。

2. 测距

实地定位或手动定位输入定位点的经纬度和海拔数据后,GPS 接收机能计算地球表面任意两点间的距离。在野外工作中,将样线的起点和终点定位后,很容易计算出样线两端的直线距离。如果要测定样线的实际长度,则可开启自动定位功能,即样线的实际长度等于样线中一系列定位点的折线长度之和。

3. 测速

GPS 接收机可以测定步行或行驶速度,野外工作者可以通过 GPS 显示的速度获得自己及跟踪对象的运动速度信息。

4. 导航

GPS 导航方式有以下 3 种。

第一种将出发地、目的地的经纬度坐标及海拔高度输入 GPS 接收机。在行进途中,GPS 接收机能以直观画面显示偏离目的地的方向、与目的地的距离、运动速度以及到达目的地所需的大概时间等信息,并显示偏离返回路径的垂直距离。当接近目的地时,GPS 接收机会进行提示。

第二种是根据行进途中存储的定位点确定返回出发地的路径。出发前设定返回定向,记录下出发点的经纬度和海拔,在途中 GPS 接收机会每 10 min 自动开机、定位,然后关机。当使用者选择返回时,GPS 接收机会显示距离返回路径上最近一个定位点的距离、偏向、运动速度及预计到达时间。

第三种与第一种方式类似,所不同的是 GPS 接收机会根据使用者当前位置不断更新定位信息,并根据出发点与当前点的位置信息指示返回出发地的路径。

(二)野外使用 GPS 的注意事项

GPS 接收机比较费电,长时间使用时要注意携带足够的备用电池。接收机在启动时,首先要搜索卫星进行初始化,需要较长的时间,要耐心等待,否则得到的信息可能还是上一次工作时的位置信息。

在使用 GPS 接收机的过程中,要注意使接收机天线处于有利的位置,尽可能接收到较多的卫星和较强的信号。在开阔的水域、平原、草原、荒漠、戈壁以及山顶等,GPS 接收机都能接收到较多卫星的强度较好的信号,基于这样的信号算出的位置信息有效而准确,可以用于分析和作图等各项工作。而在汽车内、建筑群、森林、峡谷、山洞和隧道中,这些环境将遮蔽和减弱 GPS 卫星信号,使接收机天线不能获得有效的数据,甚至无法定位。常用的解决方法通常是使用外置天线,如架设高于林冠层等遮蔽物的天线,使得 GPS 接收机能够接收到更多卫星的较好信号;或者在附近良好的位置进行定位,结合其他方法把工作点的位置计算出来。在峡谷、隧道和山洞的周边地区进行定位,如测得需定位的地点与周边地区所定位的距离、方位角及峡谷的深度(海拔),可用 GIS 软件计算出峡谷中定位点的经纬度。在行驶的汽车上,可以将 GPS 接收机的天线置于车窗外,用来接收信号和进行导航。

使用 GPS 接收机时需要注意防潮防雨,潮湿的环境或雨水的渗漏会影响 GPS 接收机的显示效果,甚至造成内部短路。还要注意 GPS 接收机长期不用时应将电池取出,以避免电池电量耗尽后泄漏液体腐蚀电路及内部元件。

GPS 接收机在静止时没有方向指示功能,所以同时带上指南针或地质罗盘仪是有必要的。大部分 GPS 接收机自带有电子地图,但在实际工作中与详细地图配合使用更好,所以在野外工作时还必须带上地图。最重要的一点是,在野外工作中不可完全依赖 GPS。如前面所说,有的时候 GPS 接收机完全无法接收到有效信号,或者在野外发生故障,这时就需要利用传统的方法来开展工作。

另外,记住 GPS 接收机给出的经纬度某一位、几位数字每变化 1 时对应的距离变化,在实际工作中也是非常有用的。地球子午线长 39940.67 km,纬线改变 1°合 110.94 km,1′合 1.849 km,1″合30.8 m;赤道圈长 40075.36 km,在北纬 40°左右时,纬度圈长为 40075.36 km× cos 40°,此地经度每改变 1°合 276 km,1′合 1.42 km,1″合 23.69 m。这样可在经纬度和实际里程间建立大概的对应关系,在实际工作中特别是寻找目标点时非常有用。

三、其他装备及仪器

在地质地貌野外实习工作中,除以上介绍的工具外,还需要携带其他工具。实际上除了地质锤、放大镜、地质罗盘和 GPS 之外,皮尺(丈绳)、照相机、采样工具、通信工具(手机)等也是野外实习工作所必需的。随着科技的进步,很多工具得到了改进和发展,还涌现出了很多新的工具,使野外工作更加便利。

(一)地图图盒

野外工作有时会在雨天或大雾天气中进行,因此地图图盒必不可少。地图图盒用来在野外工作时保护地图,避免弄湿和弄脏地图。另外,地图图盒有一个刚性底座,方便野外工作时在地图上进行绘制和编写。

(二)野外记录本

野外记录本对于野外工作而言是必不可少的。野外记录本通常使用硬封皮,用于保护纸张和记录,颜色采用醒目的红色或黄色,以防止遗失。硬封皮在测量岩层产状时还可以当作垫面。野外记录本的尺寸一般为 12 cm×20 cm,方便携带和书写。

野外记录包含收集数据的地点信息、不同岩体之间的关系、岩体的组成和纹理特征以及内部要素等,也记录所有样品的采集地点、所有拍摄照片的位置和方向、参考文献的引用以及地质地貌实习中需要解决或是提出的问题。此外,野外记录本通常将已记录的相关数据和观点关联在一起。例如,把野外地图、带注释的数据和柱状图关联起来。

(三)尺和量角器

地质地貌学野外实习中必须使用合适的尺。最方便的尺约为 15 cm 长,而且只有直尺是远远不够的。许多人在尺上刻上不同比例的刻度以供使用。最方便的比例尺组合是1:50000、1:25000 和 1:10000。在选择一把最适合自己的尺时应注意:①在野外不适合使用三角尺;②选择在两侧具有不同刻度的塑料尺;③具有长度刻度和量角器的组合尺,十分实用;④可以自制圆形尺盘,顶部的有机玻璃盘可以旋转,它可用砂纸轻轻打磨,以便用铅笔在上面进行绘制和擦拭。

量角器很容易获得且相对便宜。为了便于绘制地图,应选择直径为 15~20 cm 的半圆形量角器。

(四)铅笔和橡皮擦

在野外制图至少需要 3 种铅笔:较硬的铅笔(4H 或 6H)用于绘制方向;较软的铅笔(2H 或 4H)用于绘制走向和在地图上编写注释;另一种铅笔(2H、HB 或 F)用于在野外记录本上进行记录。较硬的铅笔适用于温暖的气候,柔软的铅笔适用于寒冷的气候。应买质量上等的铅笔和橡皮擦,并在地图图盒上拴上一条绳子或线用来固定铅笔,以防丢失。千万不要在野外使用水笔,虽然它们能够画出细纹,但如果地图是潮湿的,字迹就会洇开来。

(五)数码照相机

在地质地貌野外实习中,可能会遇上不认识或不清楚的地质现象。这时可以用素描的方式记录下来,或者使用数码相机拍摄下来,以便后期继续研究。数码相机在地质地貌工作中也是一个记录工作内容、真实准确地反映地质状况的工具,是现代野外地质地貌工作中必不可少的工具。数码相机属于精密的光学和电子仪器,在使用中要小心防潮防雨,避免磕碰,特别注意保护镜头;避免在湿度过大、温度过高或过低的环境下使用;还要注意保持镜头清洁,要使用气筒吹去灰尘而不是用嘴吹,使用专用的刷子和镜头纸清洁镜头。另外,手机现在拍照功能已经非常强大,也可以使用手机进行拍摄。需要注意的是,拍摄照片时要标记比例尺并记录拍摄的地点和镜头方位角。

(六)便携式激光测距仪

便携式激光测距仪是利用激光对目标的距离进行准确测定的仪器(见图 1-7)。激光测距仪在工作时向目标射出一束很细的激光,由光电元件接收目标反射的激光束。计时器测定激光束从发射到接收的时间,从而计算出从观测者到目标的距离。它可以简单、快速、精确地测量野外难以接近目标的距离,可以精确地测量地物的高度及较长距离。

测距仪测试的是障碍物离机器底部的距离,而不是顶部的距离。如果以顶部为准,就会发现显示距离与实际距离永远有十几厘米的误差。在测量时机身应与墙壁(障碍物)尽量保持垂直,尤其是当所测距离较远时,越垂直,测量数据精度越高;反之,斜度越大,误差越大。

图 1-7 激光测距仪

利用带倾角的传感器和带数字罗盘的激光测距仪还可以直接测量出露头层厚度,通过 3 点法可计算远距离露头的地层产状。

(七)手机及户外 App

智能手机的普及为地质地貌野外实习带来了便利。在智能手机上安装户外 App,可读取 GPS 位置以及所在实习区的遥感影像和等高线地图。

野外实习过程中可以充分利用 GPS 轨迹工具。在实习路线中遇到实习点时,可以利用户外 App 定位,然后将实习点的岩层产状、岩层界线、构造特征或者地貌形态等照片上传至户外 App,上传照片后可以对该实习点进行文字或者语音的描述,然后同样上传至该户外 App。在每个实习点都应做到照片、文字、语音并举上传,如需要通过多个实习点分析实习路线或者实习地质构造特征时,可以综合对比、宏观把握。

野外实习结束后室内总结阶段,可以将在 GPS 轨迹中上传的实习点照片、文字或语音拷贝至计算机进行图像制作与整理。

第三节 野外实习图件

地质地貌野外实习工作离不开一系列图件的支持,常用的图件包括地形图、地质图、航片或卫星影像。

一、地质图

地质图是用规定的符号(文字、颜色及线条)把某一地区的各种地质体和地质现象(如各时代地层、岩体、地质构造、矿床等的产状、分布和相互关系),按一定比例概括地投影到地形图(平面图)上的一种图件。

(一)地质图的类型

地质图主要有四种,分别是勘察地图、区域地质图、有限区域的大比例尺地图以及作为特殊用途而制作的地图。区域范围非常大的小比例尺地图通常从一个或多个选定的组中根据所需信息汇编而成。

1.勘察地图

勘察地图都是为了在短时间内尽可能多地了解一个地区的地质特征,通常比例尺为1:250000或者更小。一些勘察地图是由航片地质制成的,即对航片做地质解释。在勘察地图中只做一些琐碎的工作,比如确定岩石类型,以及识别可疑的结构特征,如地貌轮廓线。

2.区域地质图

通过勘察地图,可以对岩石分布和总体特征给出一个大致的信息,但是现在地质地貌野外实习需要更加详细的地质图,其最常用的比例尺为1:50000 或 1:25000(由此得到的地图最终可能会以1:100000的比例尺出版)。区域地质图应在一个可靠的基础上进行绘制,如果叠加在不适当的地形基础上,准确的地质图就会失去它的价值。区域地质图在地面上的测绘工作可借助系统性的航片地质的支持来完成。应该强调的是,航片地质的信息并不逊色于在地面上所得到的信息,有时候在空中拍摄的照片中能看到的地质细节,在地面上反而不容易被看到。

(二)地质图的基本图式

一幅正规的地质图有统一的规格,除了正图部分外,还应包括图名、比例尺、图例、编图单位和编图人、编图日期、地质剖面图和地层柱状图等。地质图按精度要求规定不同,可分为小比例尺地质图(<1:500000)、中比例尺地质图(1:50000～1:200000)和大比例尺地质图(>1:25000)。

(三)地质图的阅读和应用

1.阅读地质图的一般方法及步骤

(1)读图名、比例尺、图幅代号,了解图的类型、图的地理位置,推算图幅面积,了解图件编制的详细程度。

(2)读图例,了解图幅内地层、沉积岩、变质岩和岩浆岩的发育情况及地质演化历史。

(3)了解图内水系和山脊的分布状况及地形的总体特征,认识地貌与地层分布规律等。

(4)概读地质内容,了解地层分布、岩浆岩分布、地层接触关系等。

2.各种产状的岩层、地层接触关系在地质图上的表现

(1)不同产状的岩层在地质图上的表现。

①水平岩层的出露界线是水平面与地面的交线,因而在地质图上是一条与地形等高线重合或平行的曲线(见图1-8);新地层出现在高处(山头),老地层在低处(山谷);同一时代的水平岩层在坡度小时出露宽,坡度大时出露窄;上下岩层面出露高度差即为岩层厚度。

②直立岩层面或地质界面(岩墙或断层面)在地质图上永远是一条切割等高线的直线,不受地形起伏影响;上下岩层面之间的垂直距离即为岩层厚度。

③倾斜岩层或其他地质界面在地质图上的表现是一条与地形等高线斜交的曲线(见图1-9),在地层层序没有发生倒转的情况下,沿倾向方向,地层时代越来越新。

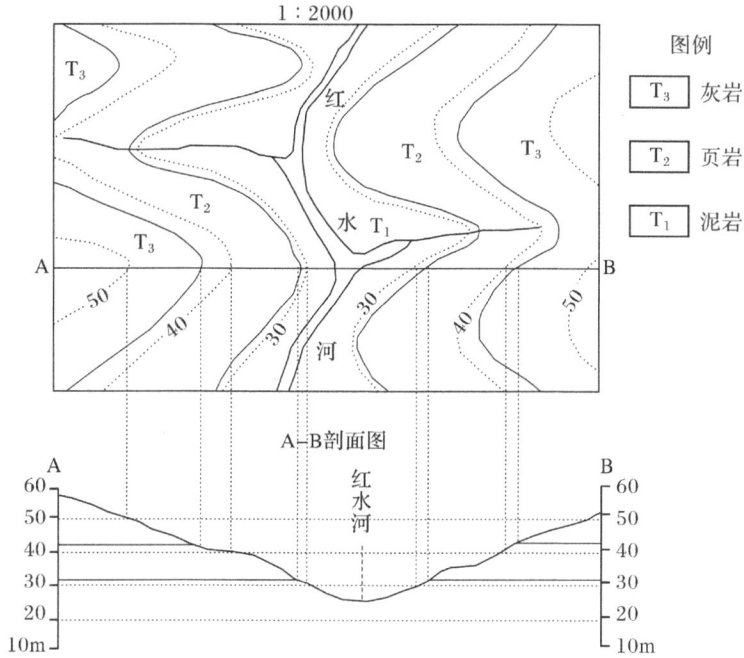

图1-8　水平岩层在地质图上的表现(上图为平面图,下图为剖面图)

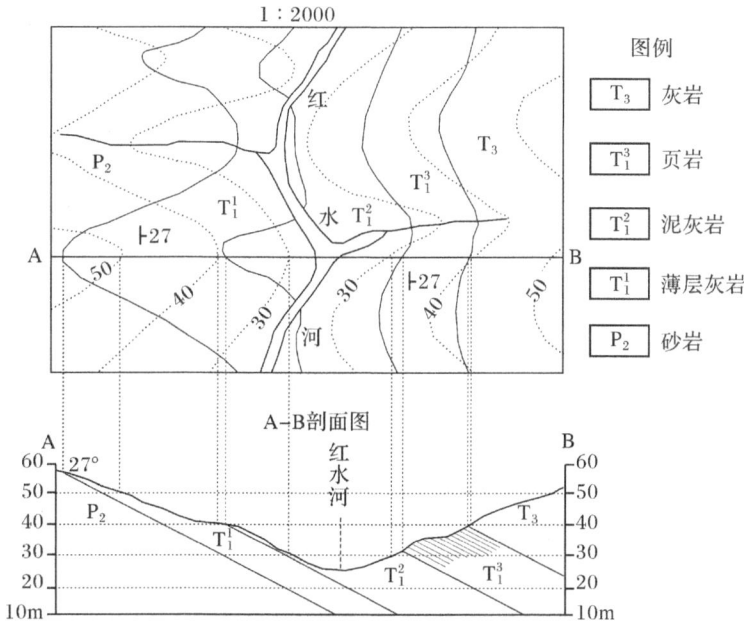

图1-9　倾斜岩层在地质图上的表现(上图为平面图,下图为剖面图)

(2)地层的接触关系在地质图上的表现。

①整合接触:在地质图上,各时代地层连续无缺失,地质界线彼此大致平行并呈带状分布。

②平行不整合:上下两套地层的界线基本平行,倾向、倾角相同,但不整合面上下地层之间缺失某些年代的地层[见图1-10(a)]。

③角度不整合：上下两套地层产状不同，并有地层缺失。较新地层掩盖住较老地层的界线，同一时代新地层与不整合面以下不同时代老地层接触，不整合界线与下覆岩层界线呈角度相交，而与上覆岩层界线基本平行[见图1-10(b)]。

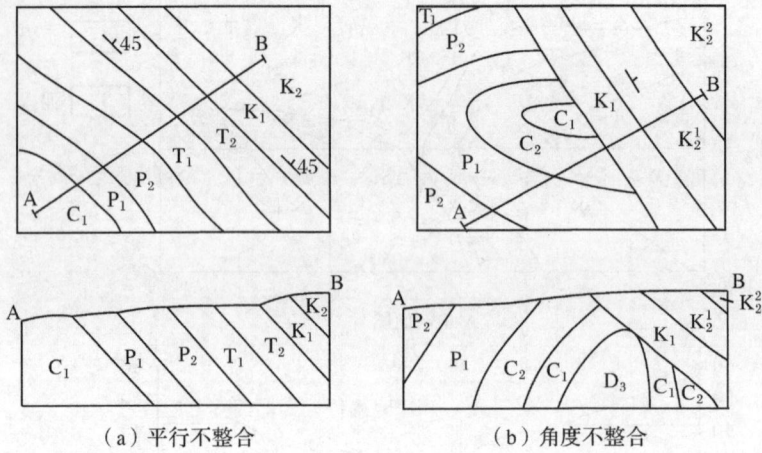

（a）平行不整合　　　　　　　（b）角度不整合

图1-10　不整合在地质图上的表现(上图为平面图，下图为剖面图)

3.褶皱的地质图判读

地质图上主要根据地层的对称重复分布来判断褶皱构造的存在；分析褶皱发育区地质图(见图1-11)，首先要确定背斜和向斜，其次确定褶皱的形态和类型，最后确定褶皱形成的时代。

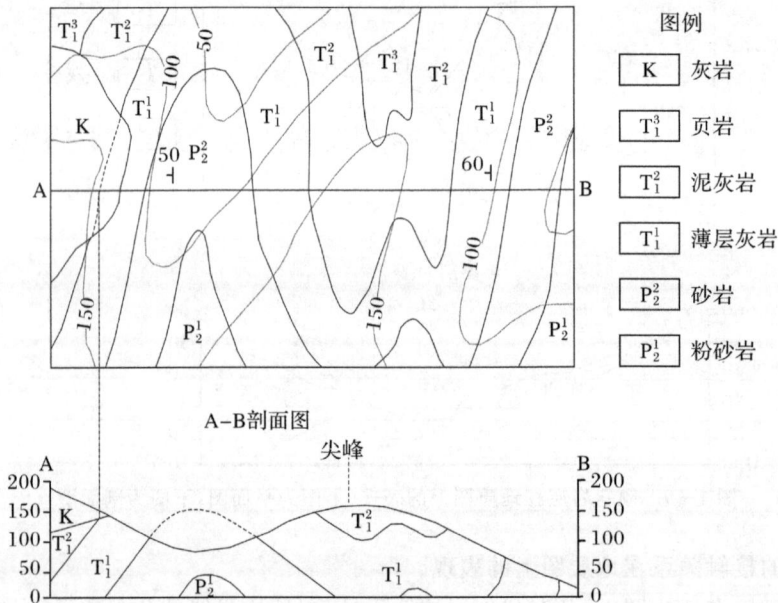

图1-11　褶皱构造在地质图的表现(上图为平面图，下图为剖面图)

(1)区分背斜和向斜:背斜的核部地层时代较老,两翼依次出现较新地层;向斜相反,核部地层时代较新,两翼为较老地层。

(2)褶皱形成时代的确定:主要根据地层间的角度不整合接触关系来确定褶皱的形成时代。褶皱形成时代介于不整合面以下参与褶皱的最新地层与不整合面以上最老地层时代之间。

4. 断裂的地质图判读

大部分地质图上都会用一定的符号表示出断层的产状要素和断层类型。在没有用符号表示断层的产状要素及类型的地质图上,常画出了断层线,此时,首先要判断其大致倾向及倾角,然后判断两盘相对位移方向,根据两者可以确定断层的性质,最后确定断层形成的时代。

5. 岩浆岩的地质图判读

岩浆岩地质图的读图首先是分析区域地质构造,然后分析岩体构造,进而得出岩体产状、构造特征和形成时代等信息。

对于侵入岩体,要分析侵入岩体产出的构造部位、岩体分布方向与区域构造线关系,分析岩体侵入的构造控制关系,分析岩体与不同时代地层的接触关系。根据岩体边缘的流面和层节理产状,分析接触面的产状,并推测侵入体向地下延布的形态特征。根据岩体与围岩的接触关系,确定其余围岩的相对时代,然后结合围岩中构造活动的时代,确定岩体的时代。

对于喷出岩体,其多呈层状构造,可利用沉积岩区的分析方法对其进行分析。但应注意其原生流动构造的产状和分布规律,以便于确定火山口的位置和火山喷发时熔岩流动的方向。

6. 变质岩的地质图判读

在读变质岩地质图时,首先要分析图例,将不同层位的岩石按变质程度进行分类,进而根据不同的变质岩类的变形特点和相互关系划分构造层。然后分析不同构造层的褶皱样式及其组合关系;分析断层的性质及其与褶皱的关系,并确定其生成顺序;分析岩脉的成分、变质情况、产状及其与其他构造的关系,确定各种构造的变形顺序。

二、地形图

在地质地貌工作中,常把这种衬托地理背景、用作标绘和准确控制各种地质内容相对位置的底图称为地形底图。地形图是一种在允许范围内,用特色的符号表示地物、用等高线表示地形起伏(正射投影到水平面上)的平面图件。其测绘方法通常是利用航空照片、卫星照片经解译得出的,也可以用经纬仪、全站仪和GPS实地测量勾绘出来。

目前,一般小于1:50000比例尺的地形图都是经航片解译出来的;大于1:25000比例尺的地形图是用经纬仪、全站仪或GPS进行实地测量,然后勾绘出来的。地形图的用途十分广泛,是地质地貌野外实习中了解地形、地图、交通、自然地理状况的基本图件,也是用于选择路线、布置工作、地质填图的基本图件。

(一)地形图的内容

1. 比例尺

图面上的长度与它所代表的地面上实际长度之比,称为地形图的比例尺。比例尺的大小与实际长度缩小到平面图上的倍数有关,缩小的倍数越大,比例尺越小。我国的国家基本比例尺地图的比例尺系列为1:5000、1:10000、1:25000、1:50000、1:100000、1:250000、1:500000、1:1000000。

地质地貌野外实习最常用的地形图比例尺为1:50000或1:100000。如果结合工程建设、勘测设计、城市规划、农林生产建设等任务,则需要采用 1:25000、1:10000 或比例尺更大的地形图。

2. 等高线

等高线指的是地形图上高程相等的相邻各点所连成的闭合曲线。把地面上海拔高度相同的点连成的闭合曲线,垂直投影到一个水平面上,并按比例缩绘在图纸上,就得到了等高线。等高线也可以看作是不同海拔高度的水平面与实际地面的交线,所以等高线是闭合曲线。在等高线上标注的数字为该等高线的海拔。等高线按其作用不同,分为首曲线、计曲线、间曲线与助曲线四种。

地形图上相邻等高线之间的高差称为等高距,也叫做等高线间隔,用 h 表示。在地形图上,两条相邻等高线之间的距离为等高线平距。在同一张地图上,等高线间隔是相等的,但等高线平距不等。等高线平距越大,说明该区域地形越平缓;等高线平距越小,说明地形越陡峭。

地表形状千变万化,因此表示地表形态的等高线的形式也是多种多样的(见图 1-12)。山头与盆地的等高线用几条封闭的曲线表示。内圈数字大者为山头,反之则为盆地。山脊与山谷的等高线用凸向下方(山脊)或凸向上方(山谷)的曲线表示。山头间鞍部的等高线是由一对山脊等高线和一对山谷等高线组合而成,凸凹相互对称,两头高、中间低,似马鞍状。

图 1-12　山脊、山谷和鞍部地形图

3. 地物符号

地物符号分为依比例尺符号、不依比例尺符号和半依比例尺符号 3 种。

依比例尺符号是指能够保持物体平面轮廓图形的符号,常称做轮廓符号或真形符号。依比例尺符号所表示的物体在实地占有相当大的面积,在地图上表示森林、海洋、湖泊等的符号都是依比例尺符号。

不依比例尺符号是指不依地图比例尺表示的地图符号。一般为按地图比例尺缩小后显示不出来的重要地物符号,如大比例尺图上的三角点、井、泉、塔等独立地物符号,小比例尺图上的小居民点、车站、港口、名胜古迹等。这种符号能够较精确定位,但不能判明其形状和大小。

半依比例尺符号是指长度依地图比例尺表示,而宽度不依地图比例尺表示的线状符号。一般表示长度大而宽度小的狭长地物,如铁路、公路、河流、堤坝、管道等。这种符号能精确定位和测量长度,但不能显示其宽度。

对于地物,除了用以上符号表示外,还可用文字、数字和特定符号对地物加以说明和补充,这些称为地物标记,如道路、河流、学校的名称、楼房层数、点的高程、水深、坎的比高等。

4.地形图的分幅编号

地质地貌野外实习前期,要准确快速地找到工作区的地形图,必须首先了解地形图分幅编号的规则。在统一的区域地形图分幅编号接图表中初步判断所需图幅的位置,将有关图幅提出并进行拼接,根据图面上实际反映的区域范围,确定需用的图幅;或者按照编号规则,依据实习区的经纬度计算出分幅编号。

分幅指用图廓线分割制图区域,其图廓线圈定的范围成为单独图幅。图幅之间沿图廓线相互拼接。分幅通常有矩形分幅和经纬线分幅两种分幅形式。矩形分幅是用矩形的图廓线分割图幅,相邻图幅间的图廓线都是直线,矩形的大小根据图纸规格、用户使用方便以及编图的需要确定。挂图、地图集中的地图多用矩形分幅。经纬线分幅的图廓线由经线和纬线组成,大多数情况下表现为上下图廓为曲线的梯形。地形图、大区域的分幅图多用经纬线分幅。

编号是每个图幅的数码标记,它们应具有系统性、逻辑性和不重复性。常见的编号方式有自然序数编号和行列式编号。自然序数编号是将图幅由左上角从左到右、自上而下用自然序数进行标号,挂图、小区域的分幅地图常采用这种方法编号。行列式编号将区域分为行和列,可以纵向为行、横向为列,也可以相反;分别用字母或数字表示行号和列号,一个行号和一个列号标定一个唯一的图幅。

我国的8种比例尺地形图都是在1:1000000比例尺地图编号的基础上进行的。20世纪90年代以前,1:1000000比例尺地图用列行式编号(横向为列、纵向为行,列号在前、行号在后),其他比例尺地形图都是在1:1000000比例尺地图的基础上加自然序数;20世纪90年代以后,1:1000000比例尺地图用行列式编号法,其他比例尺地图均在其后再叠加行列号。

(1)旧的分幅和标号方法。

①我国各种比例尺地形图的图幅范围大小及相互间的数量关系见表1-1。

表1-1 各比例尺地形图图幅范围大小及相互间的数量关系

比例尺		1:1000000	1:500000	1:250000	1:100000	1:50000	1:25000	1:10000	1:5000
图幅范围	经差	6°	3°	1°30′	30′	15′	7′30″	3′45″	1′52.5″
	纬差	4°	2°	1°	20′	10′	5′	2′30″	1′15″
图幅间数量关系	1:1000000	1	4	16	144	576	2304	9216	36864
	1:500000		1	4	36	144	576	2304	9216
	1:250000			1	4	36	144	576	2304
	1:100000				1	4	16	64	256
	1:50000					1	4	16	64
	1:25000						1	4	16
	1:10000							1	4
	1:5000								1

②1:1000000 比例尺地图的编号。

1:1000000 比例尺的编号是"列-行"编号(见图 1-13)。列:从赤道算起,纬度每 4°为一列,至南北纬 88°有 22 列,用大写英文字母 A、B、C……V 表示,南半球加 S,北半球加 N,由于我国领土全在北半球,N 字省略。行:从 180°经线算起,自西向东 6°为一行,全球分为 60 行,用阿拉伯数字 1、2、3……60 表示。

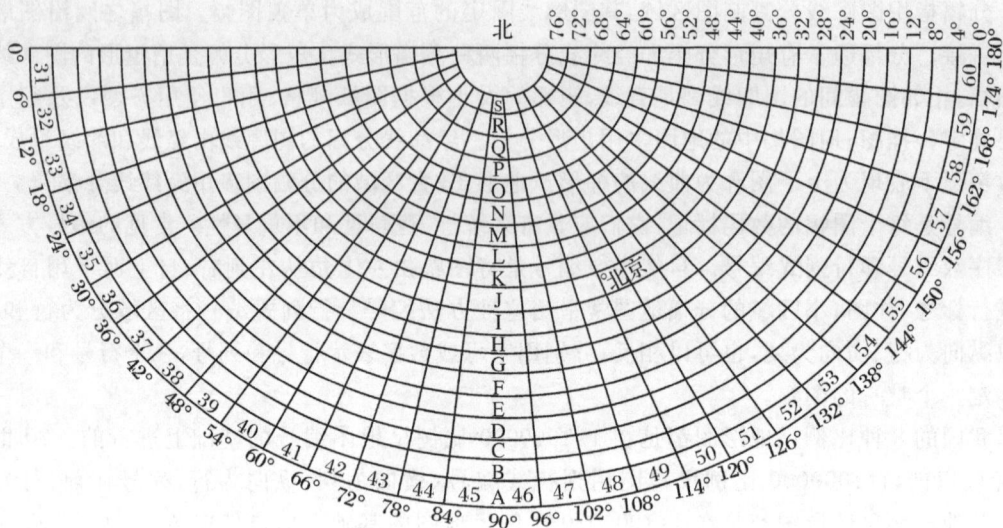

图 1-13 北半球 1:1000000 地形图的分幅与编号

③1:500000、1:250000、1:100000 比例尺地图的编号。

三种比例尺地图都是在 1:1000000 地图图号的后面加上自己的代号形成自己的编号。这三种比例尺地图的代号都是自然序数编号,它们的编号方法属于行列式加自然序数编号,由"列-行-代号"构成。

④1:50000、1:25000、1:10000、1:5000 比例尺地图的编号。

四种比例尺地图都是在 1:100000 地图图号的基础上形成的,分为两个分支,一支 1:25000 比例尺地图的图号由 1:50000 比例尺地图衍生出来,一支 1:5000 比例尺地图的图号由 1:10000 比例尺地图衍生出来,而 1:10000 比例尺地图的编号并不和 1:50000、1:25000 比例尺地图发生关系。

(2)新的分幅与编号方法。

据 1991 年制定的《国家基本比例尺地形图分幅和编号》(GB/T 13989—92),新系统的分幅没有做任何的变动,但编号方法有了较大的变化。

①1:1000000 地图的编号。没有实质性的变化,只是由"列-行"式变为"行-列"式,把行号放在前面,列号放在后面,中间不用连接号。但同旧系统相比,列和行对换了,新系统中横向为行,纵向为列,因此,其结果并没有大的变化。

②1:5000～1:500000 比例尺地图的编号。7 种比例尺地图的编号都是在 1:1000000 地图的基础上进行的,它们的编号都由 10 个代码组成,其中前 3 位是所在的 1:1000000 地图的行号(1 位)和列号(2 位),第 4 位是比例尺代码(见表 1-2)。

表 1-2　各比例尺地形图比例尺代码

比例尺	1:500000	1:250000	1:100000	1:50000	1:25000	1:10000	1:5000
代码	B	C	D	E	F	G	H

后面 6 位分为两段,前 3 位是图幅的行号数字码,后 3 位是图幅的列号数字码。行号和列号的数字码编码方法是一致的,行号从上而下、列号从左到右顺序编排,不足 3 位时前面加"0"。

(二)判读地形图的步骤

(1)图名:一幅地形图以幅内最重要的地名来命名,用以了解该幅地形图所在的大致位置。

(2)方位:在同一幅国际分幅地形图内,同时有 3 种北方位。左右图廓纵线表示真北方位;坐标纵线表示坐标北方位;上、下图廓横线的 P-P′连线表示磁北方位。然后是上北、下南、左西、右东。

(3)坐标数值:直角坐标系横线(y 值),数值前 2 位表示该幅图国际分幅的带号,后 6 位数值表示该点在本带的横坐标值,以 m 为单位。横坐标值的零点设在距中央子午线以西 500 km处。直角坐标系纵线(x 值),表示该点距赤道的实际距离,以 m 为单位。

(4)比例尺:可以判读图幅包括的面积或某一工作区的面积,以及地形图的精度及等高距。

(5)结合等高线、等高距、水平距判读图幅内的山地、丘陵、山脊、洼地、陡坡和悬崖等地形单元。

(6)结合地物符号了解河流、湖泊、居民点、耕地、森林、沙漠等的分布位置,以及铁路、公路、山间小道、植被等自然地理及经济地理概况。

(7)测图日期:地形图测制的时间越久,与实际地形情况相差得就越大。虽然地形图经常修测,但地形图与实际不符合的情况经常存在。因此,使用地形图还应与实地勘察、调查工作相结合。

(三)地形图的使用

1.利用地质罗盘在地形图上确定观察点的位置

在地质地貌野外实习中,经常要将地质观察点标在地形图上。例如,将地质界线、断层界线的观察点落在地形图上。

(1)根据地物、地形特征确定。

在有明显地物、地貌特征的地方可对照地物、等高线的特征确定地质观察点的位置。

(2)后方交会法。

①先准确地将地形图定好方向并固定,即将地质罗盘长边与坐标纵线重合,圆形水泡居中,罗盘北针指向水平度盘的 0°,然后固定。

②从图上和实地分别找出远方三个明显地形高程点或地物点。

③分别用地质罗盘测出三个目标至观测者的方位角,并进行记录。

④将三个已知观察点至观测者的方位落到图上,如果三条射线交会于一点,此点便是观测者所在的位置(其中第三条射线用来检查交会点是否准确)。交会点的高程在地形图等高线上查出。

以上交会方法,要求两个交会角均大于 30°,否则影响交会点的精度。

2.在地形图上绘制一定方位角的剖面图

在地质地貌野外实习中,经常需要根据等高线作地形剖面,用以绘制地质剖面图。如图1-14所示,欲在A-B方位上绘制剖面图,可按以下步骤进行。

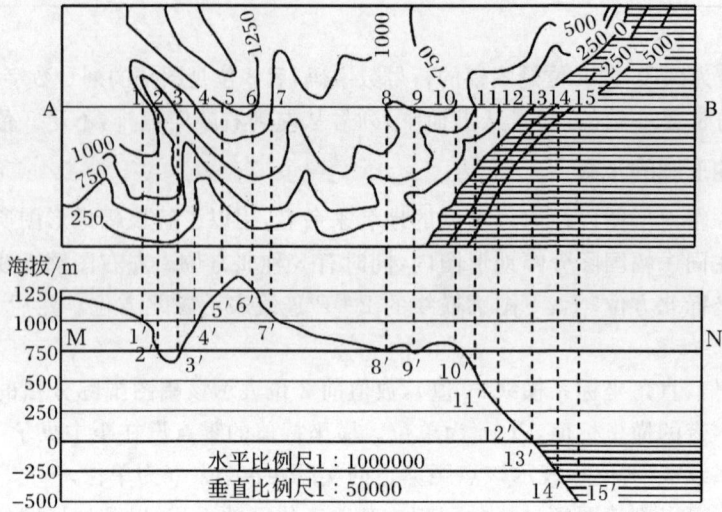

图1-14 绘制地形剖面图

①确定剖面的方向,画出剖面基线AB。

②确定垂直比例尺。垂直比例尺一般是原图的5、10、15、20倍,倍数越大,起伏越明显。水平比例尺与原图一致。在原图的下面绘水平线MN,按水平比例尺的大小定出剖面范围为横坐标,按垂直比例尺的大小,绘出纵坐标。

③点出剖面基线AB与等高线的交点,并从每一个交点向MN线上引垂线。如图1-14所示,从1点到15点,向MN线引垂线。

④根据规定的垂直比例尺找出垂线1′到15′点的相应高度。

⑤用平滑曲线将1′点一直连到15′点,即得AB剖面线的地形剖面图。

⑥连接海拔相等的相邻两点时,要注意分析等高线图上原两点间的地势高低走势及两点间的海拔高度,从而做到准确平滑过渡。

3.野外实地测绘路线地质剖面

在进行路线地质地貌调查时,要勾绘地形地质剖面图,用以反映路线观察的地质内容。首先应确定地形地质剖面图的起点、方位、长度,然后根据内容与要求确定比例尺。路线剖面的绘制按以下步骤进行。

①将地形地质剖面图起点,利用地形、地物及后方交会等方法落在地形图上。

②利用地质罗盘仪确定方位(岩层倾向一致或与构造线垂直),并测量起始点与观察点的坡度角。

③斜距用皮尺、测绳或步量。剖面特长时,用目测或在地形图上目测。高差或水平距利用斜距、坡度角反算。观测点要定在地形突变点上,以便能够勾画出与实际相符的地形曲线。

④当路线方位转折时,应重新测量方位角。地形坡度变化时,应重新测定坡度角。依次往

复进行,直至终点。终点仍要用地物、地形及后方交会法固定在地形图上,而且要求地形图上的剖面总长度与实际记录的剖面总长度应保持在误差允许的范围内。

地质观察点也是利用水平距反映到地表曲线上,加上地质内容(如岩层界线、断层界线、产状及岩性花纹等)便是路线地质剖面图。

第四节　岩石学野外基本工作方法

地壳中的各种矿物并不是孤立存在的,而是按照一定规律组合起来形成各式各样的岩石。由地质作用将一种或一种以上矿物,按照一定规律组合起来的集合体称为岩石。岩石根据成因的不同可以分为三大类,即岩浆岩、沉积岩和变质岩。岩石本身记载了它形成的全部历史,同时岩石也是地壳演化及各种地质作用的最好记录。所以岩石的鉴定方法是野外地质地貌工作的基础。在实习区的任何一个基岩露头,都要从岩性入手,才能了解它的层序、产状、构造形态、接触关系和地质时代等。

野外鉴定岩石,应首先选择新鲜面观察岩石的宏观特征,弄清它们属于岩浆岩、沉积岩还是变质岩。此三大类岩石各具特征,只要我们认真细致辨认,注意抓其特征,就不难判别。对野外岩石进行鉴定,通常有以下几个步骤。

第一步,判断岩石是岩浆岩、变质岩还是沉积岩。

岩浆岩多呈显晶结构,是由矿物晶体互相连接聚集而成。岩石里的晶体或无规律聚集,或是显示出某种方向性。岩浆岩没有沉积岩的层理构造,也没有变质岩的片理构造。岩浆岩中,有些熔岩充满气孔,一般不含有化石。

变质岩分为两大类,即区域变质岩和接触变质岩。区域变质岩有独特的片理构造,常呈波浪状,不像沉积岩层理面那样平坦。接触变质岩晶体呈较不规则排列。

沉积岩有明显的层理,颗粒连接松散,用手指可蹭下颗粒。石英是许多沉积岩的主要成分,方解石是石灰岩的重要组分。沉积岩含有化石,依此可与岩浆岩和变质岩区别。

第二步,确定颗粒的大小。颗粒指的是组成岩石的颗粒大小,而不是嵌生于其中的个别晶体的大小。粗粒肉眼可见,中粒放大镜可见,细粒显微镜可见。

第三步,根据成分、结构和构造对岩石细类进一步确定。如果是岩浆岩,那么下一步就是观察颜色。酸性岩富含密度小的浅色硅酸盐,颜色很浅;基性岩和超基性岩富含密度大的铁镁矿物,颜色深;中性岩恰如其名,其矿物含量处于前两类之间,因此颜色深浅也居中。

如果是变质,那么应观察片理(某些矿物的定向排列)和无片理(结晶,无明显的构造)。

对沉积岩,首先观察它的矿物成分,是由岩屑(岩石碎屑)组成还是主要由石英组成?石英通常呈灰色,且很坚硬,易于辨认。富含碳酸钙的石灰岩颜色浅淡,与稀盐酸作用会起泡。

一、沉积岩的野外观察和描述

沉积岩是分布于地表的主要岩类,它种类繁多,岩性变化较大。沉积岩最显著的宏观标志是成层构造,即层理。根据沉积岩成因、结构和矿物成分,可进一步区分出次一级类别。凡具有泥质结构,即粒径小于 0.005 mm,质地均匀、较软,有细腻感,常具页理的岩石是黏土岩。凡具有化学和生物化学结构,多为单一矿物组成的岩石,是化学和生物化学岩(见表 1-3)。

表 1-3　沉积岩分类表

岩类		沉积物质来源	沉积作用	岩石名称
碎屑岩类	陆源碎屑岩亚类	母岩机械破碎碎屑	机械沉积为主	砾岩及角砾岩、砂岩、粉砂岩
		母岩化学分解过程中形成的新生矿物——黏土矿物为主	机械沉积和胶体沉积	泥岩、页岩、黏土岩
	火山碎屑岩亚类	火山喷发碎屑	机械沉积为主	火山集块岩、火山角砾岩、凝灰岩
化学岩和生物化学岩类		母岩化学分解过程中形成的可溶物质、胶体物质以及生物化学作用产物和生物遗体	化学沉淀和生物遗体堆积	铝、铁、锰质岩,硅、磷质岩,碳酸盐岩,蒸发盐岩,可燃有机岩

(一)碎屑岩的野外观察与描述

鉴定碎屑岩时,着重观察其岩石结构与主要矿物成分,首要看碎屑结构。碎屑岩的结构包括碎屑颗粒的结构和胶结类型两个方面的内容。碎屑颗粒的结构通常由粒度大小、目估各粒级百分含量、分选性及磨圆度来测定。

首先,要观察碎屑颗粒的大小。粒径大于 2 mm 是砾岩,0.05~2 mm 是砂岩,0.005~0.05 mm 是粉砂岩。粉砂岩颗粒用肉眼难以分辨,用手指研磨有轻微砂感。碎屑岩按砂岩的粒径又可进一步分为:粗砂岩(1~2 mm)、中砂岩(0.5~1 mm)、细砂岩(0.05~0.5 mm)。对于砾岩,还应注意观察其颗粒形状,颗粒外形呈棱角状者是角砾岩,呈圆状或次圆状者为砾岩。

其次,看碎屑岩的矿物成分(碎屑颗粒成分和胶结物成分)。砾岩类的碎屑成分复杂,分选较差,颗粒较大,一般不参与定名;砂岩主要矿物成分有石英、长石、云母、重矿物和一些岩石碎屑。在碎屑岩中,常见的胶结物有铁质(氧化铁和氢氧化铁)、硅质(二氧化硅)、泥质(黏土质)、钙质(碳酸钙)等。铁质胶结物多呈红色、褐红色或黄色;硅质胶结物最硬,小刀刻不动;钙质胶结物滴稀盐酸会产生气泡;泥质胶结物的岩石较疏松。

层理的类型是根据细层的厚度、形态以及细层与层系界面的关系来确定的。若细层厚度大于 1.0 m,则称为块状层;若细层的厚度为 0.5~1.0 m,则称为厚层;若细层的厚度为 0.1~0.5 m,则称为中层;若细层的厚度为 0.01~0.1 m,则称为薄层;若细层的厚度小于 0.01 m,则称为页状层。

弄清楚了岩石的颜色、结构、构造和成分之后,就可为碎屑岩定名了。碎屑岩通常采用三级命名法,以含量不小于 50% 的粒级定岩石的主名,即基本名。含量介于 25%~50% 的粒级以形容词"××质(或状)"的形式写在基本名之前。含量在 10%~25% 的粒级作次要形容词,以"含××"的形式写在最前面。含量小于 10% 的粒级一般不反映在岩石的名称中。例如,某碎屑岩,细砾含量为 27%,粗砂含量为 60%,硅质含量为 10%,则该碎屑岩命名为含硅质细砾状粗砂岩。

假如碎屑岩的粒度分选较差,所含粒级较多,但没有一个粒级的含量大于 50%,而含量在 25%~50% 的粒级又不止一个,这时则以含量为 25%~50% 的粒级进行复合命名,以

"××-××岩"的形式表示,含量较多的写在后面。其他含量少的粒级仍按前面原则处理。例如,某碎屑岩,粗砂含量为45%,中砂含量为40%,泥质含量为12%,则该碎屑岩命名为泥质中砂-粗砂岩。

碎屑岩一般按"颜色-胶结物-构造-结构-成分"来命名,如灰白色硅质胶结中薄细砾石英砂岩。

(二)黏土岩的野外观察与描述

鉴定黏土岩的主要依据是其泥质结构。黏土岩矿物颗粒非常细小,肉眼仅能从其颜色、硬度等物理性质及结构、构造等方面来鉴定。它多具有滑腻感,有可塑性、烧结性等物理性质。若是纯净的黏土岩,一般为浅色的土状岩石。层理是黏土岩中最明显的特征,因此按黏土岩层理(若层理厚度小于1 mm称页理)及其固结程度进行分类。将固结程度很高、页理发育、可剥成薄片者称做页岩。页岩中常含有化石,黏土岩中以页岩为主。将那些固结程度较高,不具有页理,遇水不易变软者称泥岩。然后再根据颜色与混入物的不同进行命名,如紫红色铁质泥岩、灰色钙质页岩等。

(三)碳酸盐岩的野外观察与描述

碳酸盐岩的描述内容、顺序与碎屑岩相近,但碳酸盐岩的成分、结构、构造常呈现一系列独特的特点。

1.矿物成分

碳酸盐岩主要由方解石、白云石组成,有时混入较多的黏土矿物及陆源碎屑,如石英、长石等。在野外观察鉴定中,碳酸盐岩一般分为以下几类,其各自的鉴定特征如下。

(1)石灰岩:方解石含量大于75%,在岩石新鲜面上加稀盐酸时强烈起泡,并可听到吱吱的响声,多为深灰色至灰色,致密性脆,风化面光滑,多为厚层至块状层。

(2)白云质灰岩:方解石含量50%~75%,白云石含量25%~50%,滴稀盐酸时起泡,响声不大,多为灰至浅灰色,致密性脆,风化面较光滑,一般无刀砍状溶沟。

(3)灰质白云岩:白云石含量50%~75%,方解石含量25%~50%,滴稀盐酸时微微起泡,无响声,多为浅灰色至浅黄色,断口多为细瓷状,质较硬,风化面上有少量刀砍状纹。

(4)白云岩:白云石含量大于75%,滴稀盐酸时不起泡或微弱起泡,多为浅灰至浅黄灰色,断口较粗糙,多呈瓷状或砂糖状,质硬,风化面上常有纵横交错的刀砍状溶沟。

(5)泥灰岩:方解石含量50%~75%,黏土矿物含量25%~50%,滴稀盐酸时产生气泡并常在酸蚀面上留下黄色的泥质薄膜,含泥量越多,泥膜越明显。岩石多为灰黄色,风化面为土黄色。

2.结构

(1)晶粒结构:按晶粒大小可分为砾晶(>2 mm)、砂晶(0.05~2 mm)、粉晶(0.005~0.05 mm)、泥晶(<0.005 mm)。

(2)生物格架结构:由造礁生物形成的礁灰岩特有的结构。其主要由原地生长的造礁生物遗体组成岩石骨架,骨架内为其他生物碎屑等充填,常有大量孔隙。

(3)颗粒结构:在野外观察描述时要分别描述颗粒、泥晶基质和亮晶胶结物。常见的颗粒类型有内碎屑、鲕粒、生物碎屑等。要描述颗粒的类型、含量、粒度大小、分选性及磨圆度。泥晶基质和亮晶胶结物是存在于各种颗粒之间的填隙物,前者较细、致密;后者多呈浅灰及灰白色,可见晶粒,亮晶明显则说明该灰岩形成于水动力条件强的环境。

3.构造

碎屑岩中出现的构造在碳酸盐中均可出现。此外,在野外观察中还常见有碳酸盐岩独特的构造。

(1)叠层石构造:蓝绿藻类分泌的黏液捕集水中的微粒形成的一种纹层构造。纹层形态多变,有平直状、波状、弯曲状或柱状环叠、半球状或球状等。叠层石由两种纹层相间组成,富藻纹层较暗,有机质丰富,富碳酸盐岩纹层颜色较浅。不同形状的叠层石形成于不同的环境,平直状、波状者形成于潮上带,柱状者形成于潮间带,半球状及球状者形成于潮下带。

(2)缝合线构造:在岩层的切面上,它呈现为锯齿状的曲线,即缝合线;在平面上,即在沿此裂缝破裂面上,它呈现为参差不平、凹凸起伏的面,即缝合面;从立体上看,这些凹下或凸起的大小不等的柱体,称为缝合柱。

4.综合命名

一般按"颜色-构造-结构-成分"顺序给碳酸盐岩命名,如深灰色中层鲕粒灰岩。

(四)沉积岩描述实例

1.砾岩

浅灰色,其中砾石占70%,胶结物占30%,砾石大小很不均匀,粒径一般为5~10 mm(占40%),分选性不好,砾石圆度属次圆或圆级,多呈长椭圆形。

砾石成分以白云岩和石灰岩为主,此外还有硅质岩及较少量喷出岩。白云岩砾石多呈白色,有的有硅质条带,砾石表面具有明显的气化圈。硅质砾石主要为燧石,亦有少量石英和棕红色碧玉,燧石呈灰黑色,致密坚硬。喷出岩一般较少,呈灰色或浅红色,可能为安山岩。

胶结物为浅灰色,局部带浅绿色。胶结物含钙质较多,并由许多岩屑和矿物碎屑构成了填隙物,属基地式胶结类型。

砾岩整体描述:呈灰色,含钙质胶结的硅质岩、白云岩、石灰岩质粗砾石砾岩,岩石圈呈圆砾状结构,胶结致密,块状构造,局部地方可见不明显的定向排列。

2.石英砂岩

灰白色,中粒砂状结构,石英砂约占90%,粒径为0.5~0.8 mm,粒度基本均匀,有些地方见有少量长石和黄铁矿,胶结物为硅质,胶结致密、坚硬,为块状构造。

二、岩浆岩的野外观察和描述

对岩浆岩一般是先观察颜色、结构、构造、矿物成分及其含量,最后确定其岩石名称。野外肉眼鉴定岩浆岩,首先看到的就是颜色,颜色基本可以反映出岩石的成分和性质。

1.依据其颜色大致定出属于何种岩类

岩石的颜色是指组成岩石的矿物颜色之总和,而非某一种或几种矿物的颜色。如灰白色的岩石,可能是由长石、石英和少量暗色矿物(黑云母、角闪石等)等形成的总体色调。因此,观察颜色时,宜先远观其总体色调,然后用适当颜色形容。

岩浆岩的颜色也可根据暗色矿物的百分含量,即"色率"来描述。按色率可将岩浆岩划分为暗(深)色岩、中色岩和浅色岩。

①暗(深)色岩:色率为 60～100,相当于黑色、灰黑色、绿色等;

②中色岩:色率为 30～60,相当于褐灰色、红褐色、灰色等;

③浅色岩:色率为 0～30,相当于白色、灰白色、肉红色等。

反过来,野外实习亦可根据色率大致推断暗色矿物的百分含量,从而推知岩浆岩所属的大类(酸、中、基性)。这种方法对结晶质,尤以隐晶质的岩石特别有用。若是浅色,一般为酸性岩(花岗岩类)或中性岩(正长岩类);若是深色,一般为基性岩。由酸性岩到基性岩,深色矿物的含量逐渐增多,岩石的颜色也就由浅到深。同时,还要注意区别岩石新鲜面的暗色和风化后的颜色。

2.观察岩浆岩的结构与构造

观察岩浆岩的结构与构造,便可区分出是深成岩类、浅成岩类或是喷出岩类。岩浆岩按结晶程度分为结晶质结构和非晶质(玻璃质)结构。按颗粒绝对大小又可分为粗粒(>5 mm)、中粒($1～5$ mm)、细粒($0.1～1$ mm)结构,以及微晶、隐晶等结构。其中应特别注意微晶、隐晶和玻璃质结构的区别。微晶结构用肉眼(包括放大镜)可看出矿物的颗粒,而隐晶质和玻璃质结构,用肉眼(包括放大镜)看不出任何颗粒,通常情况下,两者采用断口的特点进行区别。隐晶质的断口粗糙,参差状断口;玻璃质结构的断口平整,常具贝壳状断口。岩石按组成矿物颗粒的相对大小又可分为等粒、不等粒、斑状和似斑状等结构。因此,观察描述结构时,应注意矿物的结晶程度、颗粒的绝对大小和相对大小等特点(见图 1-15)。

图 1-15 矿物的结晶颗粒及相对大小(左上:等粒结构;左下:斑状结构;右上:不等粒结构;右下:似斑状结构)

假如岩石中矿物颗粒大,呈等粒状、似斑状结构,则属深成岩类;假如矿物颗粒微细致密,呈隐晶质、玻璃质结构,则一般属喷出岩类;假如岩石中矿物为细粒及斑状结构,即介于上述两者之间,属浅成岩类。

观察岩石中矿物有无定向排列,进而就能推断岩石的形成环境、含挥发组分多少及岩浆流动的方向。若无定向排列称之为块状构造;若有定向排列,则可能是流纹构造、气孔构造或是条带状构造。深成岩、浅成岩大多是块状构造,喷出岩则为流纹构造和气孔构造等。

3.观察岩浆岩的矿物成分

矿物成分是岩石定名最重要的依据。岩浆岩类别是根据 SiO_2 含量确定的,而 SiO_2 含量可在岩石矿物成分上反映出来。对于显晶质结构的岩石,应注意观察描述各种矿物,特别是主要矿物的颜色、晶形、解理、光泽、断口等特征,并目估其含量(注意每种矿物应选择其最有代表性的特征进行描述),尤其注意以下几方面。

(1)观察有无长石,若有则应鉴定长石的种类,并分别目估其含量。

(2)观察有无石英、橄榄石的出现。若有石英出现,则为酸性岩;若有橄榄石出现,则为超基性和基性岩。

(3)鉴定暗色矿物的成分,并目估其含量。特别注意辉石和角闪石,以及它们和黑云母的区别。

(4)对具斑状结构或似斑状结构的岩石,则应分别描述斑晶和基质的成分、特点、含量。基质若为隐晶质,则可用色率和斑晶推断其成分;若为玻璃质,则只能用斑晶来推其成分。

主要岩浆岩分类及肉眼鉴定,见表1-4。依据鲍文反应系列,可以帮助我们记忆岩浆岩细类中的矿物成分(见图1-16)。

表1-4 主要岩浆岩分类及肉眼鉴定表

岩石类型			超基性岩类	基性岩类	中性岩类	中碱性岩类	酸性岩类
石英含量			无	无或很少	<5%	较少	>20%
主要矿物			橄榄石+辉石>90%、角闪石	基性斜长石、辉石	中性斜长石、角闪石	钾长石、角闪石	正长石、酸性斜长石
次要矿物			黑云母	橄榄石、角闪石、黑云母	黑云母、石英		黑云母为主,角闪石次之
产状	构造	结构					
喷出岩	火山锥	状状、气孔状	玻璃质	火山玻璃岩(浮岩黑曜岩)			
	熔岩流	致密块状、气孔状、杏仁状、流纹状	隐形质、斑状	金伯利岩	玄武岩	安山岩	粗面岩	流纹岩
侵入岩	浅成	岩床、岩盘、岩墙	块状	等粒、斑状	苦橄玢岩	辉绿岩	闪长玢岩	正长斑岩	花岗斑岩
	深成	岩基、岩柱	块状	等粒状	橄榄岩	辉长岩	闪长岩	正长岩	花岗岩

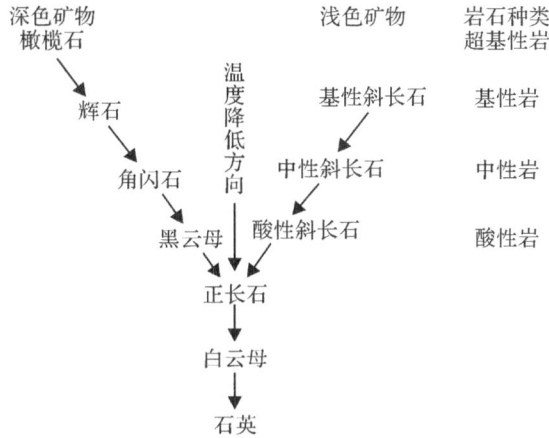

图 1-16　鲍文反应系列简图

4.岩浆岩命名

岩浆岩的命名一般为"颜色＋结构＋(构造)＋基本名称",如肉红色粗粒花岗岩。喷出岩的命名有时仅用"(颜色)＋构造＋基本名称",如气孔状玄武岩。

5.岩浆岩描述实例

(1)玄武岩。玄武岩呈暗紫褐色,斑状结构,斑晶含量10%左右,成分为伊丁石和斜长石。伊丁石为棕色,可见薄片状解理。斜长石呈细长条状,灰白色,强玻璃光泽,解理清晰可见。玄武岩的基质为隐晶质,具有良好的气孔构造,占整个岩石的10%左右,大小不等,一般孔径为5～6 mm,呈圆形或椭圆形,没有矿物充填。

(2)凝灰岩。首先,凝灰岩为浅绿色,呈凝灰结构,块状构造,主要由绿色火山灰(玻屑)组成,颗粒很难用肉眼分辨。其次,晶屑约占25%,主要成分为无色透明、具玻璃光泽、解理清楚的透长石,以及烟灰色、具贝壳状断口的石英和少量黑云母。粒径约1～2 mm。此外,岩石中还有少量深灰、灰色石灰岩和燧石岩屑,含量占25%左右。

三、变质岩的野外观察和描述

在野外鉴别变质岩的方法、步骤与前述岩浆岩类似,主要依据是其构造、结构和矿物成分。变质岩的构造和结构是其命名和分类的重要依据。

(一)根据构造和结构特征,初步鉴定变质岩的类别

1.变质岩的结构

(1)变晶结构:原岩经变质过程中的结晶作用而形成的结构。

变晶结构按变晶粒径的绝对大小可分为以下几种。①粗粒变晶结构:＞3 mm;②中粒变晶结构:1～3 mm;③细粒变晶结构:0.1～1 mm;④显微变晶结构:＜0.1 mm。

变晶结构按变晶的相对大小分为以下几种。①等粒变晶结构:矿物粒径大致相等;②不等粒变晶结构:矿物粒径不等,大小呈连续变化;③斑状变晶结构:矿物粒径可明显分为大小不同的两群,粗大者称变斑晶。

变晶结构按变晶的形态可分为以下几种。①粒状变晶结构:变晶为粒状物,如石英、长石、方解石等;②鳞片变晶结构:变晶为鳞片状矿物,如云母、绿泥石等;③纤维变晶结构:变晶为长条状、针状、纤维状矿物,如红柱石、硅灰石等。

变质岩的变晶结构与岩浆岩的晶质结构的区别主要表现在:①变晶结构自形程度较差,粒度较细,包裹体多;②变质作用过程中受到压力,形成的大部分矿物具有定向性;③变质作用下各种矿物同时生成,没有鲍文反应系列的先后差异。

(2)变余结构:岩石变质程度不深而残留的部分原岩结构,如变余泥质结构、变余砂状结构、变余斑状结构等。

(3)变形结构:动力变质作用形成的一类特殊结构,如碎裂结构和糜棱结构。

2. 变质岩的构造

(1)变余构造:变质岩中残留的原岩的构造,如变余层理构造、变余气孔构造等。

(2)混合岩构造:在混合化过程中,由脉体和基体两部分相互作用所形成的构造。常见的有眼球状构造、条带状构造、肠状构造等。

(3)变成构造:变质过程中所形成的构造。变成构造的类型有:板状构造、千枚状构造、片状构造、片麻岩构造、块状构造。例如,具有板状构造者称为板岩,具有千枚构造者称为千枚岩等。

具有变晶结构是变质岩的重要结构特征。例如,变质岩中的石英岩与沉积岩中的石英砂岩尽管成分相同,但前者具有变晶结构,而后者却是碎屑结构。

(二)根据矿物成分含量和变质岩中的特有矿物进一步详细定名

一般来讲,要注意岩石中暗色矿物与浅色矿物的比降,以及浅色矿物长石和石英的比例,因为这些比例关系与岩石的鉴定有着极大关系。例如,若某岩石以浅色矿物为主,而浅色矿物中又以石英居多且不含或含有较少长石,这就是片岩;若某岩石成分以暗色矿物为主,且含长石较多,则属片麻岩。

变质岩中的特有矿物,如蓝晶石、石榴子石、蛇纹石、石墨等,虽然数量不多,但能反映出变质前的原岩以及变质作用的条件,故也是野外鉴别变质岩的有力证据。关于板岩和千枚岩,因其矿物成分较难识辨,故板岩可按"颜色+所含杂质"方式命名,如黑色板岩、碳质板岩;千枚岩可根据其"颜色+特征矿物"命名,如银灰色千枚岩、硬绿泥石千枚岩等。野外变质岩鉴定特征见表1-5。

表 1-5 各类变质岩的主要鉴定特征

构造	结构	矿物成分		岩石名称	成因	
		主要矿物	次要矿物		变质作用	原岩成分
破碎	糜棱	石英、长石、绿泥石		糜棱岩	动力变质	各种岩石
	碎斑	岩屑		碎裂岩		
块状	粒状变晶	云母、石榴子石、辉石、石英	长石、红柱石、方解石等	角岩	接触变质	泥质页岩、凝灰岩
		石榴子石、绿帘石、透辉石	铁镁钙硅酸盐	矽卡岩		石灰岩、白云岩
		方解石、白云石	透闪石、透辉石、橄榄石	大理岩		石灰岩、白云岩
		石英	云母、硅线石	石英岩		砂岩、硅质岩
		长石、石英	云母、角闪石	变粒岩		黏土质岩及长石砂岩
		角闪石、斜长石	云母、绿帘石	角闪岩		基性岩
	麻粒状	斜长石、辉石	石英、石榴子石	麻粒岩		基性岩
板状	隐晶变晶	隐晶质石英、黏土等		板岩	区域变质	泥质及凝灰质岩
千枚状	细晶变晶	石英、绿泥石、绢云母		千枚岩		
片状	鳞片变晶	云母、绿泥石、石英	长石、电气石、绿帘石	云母片岩		泥质岩石
		绿泥石、阳起石、绿帘石	长石、方解石、磁铁矿	绿片岩		基性岩
片麻状	粒状、鳞片变晶	石英、长石	云母、角闪石、硅线石	片麻岩		泥质及酸性岩浆岩
条带状		石英、长石(脉体)	黑云母、角闪石	混合岩类	混合岩化	各种岩性

(三)变质岩描述实例

1. 角岩

岩石为深灰色,块状构造,斑状变晶结构。变斑晶为红柱石,自形,长柱状,横断面为正方形,大小相近,长约 2～10 mm,遭风化后光泽暗淡。在岩石的新鲜面上,斑晶与基质不好区分,但是在风化表面上,红柱石变斑晶明显,含量约 15％。基质颗粒细小不容易鉴定,只能分辨其中细小的黑云母,为暗褐色,珍珠光泽,呈细小鳞片状。因此,此岩石为泥质岩经过热接触变质而成。

2. 片岩

岩石为灰白色,片状构造,斑状变晶结构,基质为鳞片变晶结构。变斑晶为石榴石,呈暗紫红色,粒状,大小为 5 mm 左右,有的晶体可以见到完好的晶形,含量 5％。基质由白云母和石英组成,白云母呈鳞片状,含量约 60％;石英为细小他形粒状,含量约 35％。由于基质中有大量的白云母,岩石具有明显的丝绢光泽。

四、化石的野外观察与鉴定

化石是古代生物的遗体和遗迹,对研究生命起源和生物进化、确定相对地质年代、划分和对比地层、研究古地理和古气候等都有重要的意义。化石通常按保存特点分为实体化石、遗迹化石和化学化石。

实体化石包括:未变实体,如琥珀中的昆虫、冻土中的猛犸象、第四纪沙漠的动物干尸等;变体化石,指生物的硬体部分经不同程度的石化作用形成的变化实体化石;模铸化石,指生物遗体在底岩或围岩中留下的各种印痕和复铸物。遗迹化石是古代生物生活活动时留存在沉积岩表面或内部的痕迹和遗物,如足印、钻孔、掘穴、蛋化石、粪化石、石器、骨骼等。化学化石主要是组成古代生物的有机物,如氨基酸等,保留在岩层中具有一定化学分析结构,能证明古代生物的存在。

(一)化石的野外观察

化石的野外观察是地质地貌野外实习的重要内容之一。三大类岩石中,岩浆岩是地球内部的岩浆向上侵入到地球表面或喷出地面后冷却凝固形成的,高温导致其很难保留化石。变质岩是地球上的岩石在地下深处经过高温高压等作用,使成分结构发生改变后形成的岩石。在变质岩中极少发现完整的化石,即使发现也失去了其应有的价值。沉积岩是在地表条件下,由各种各样沉积物形成的岩石,其中保存化石的机会很大,特别是成因和生物活动有密切关系的生物沉积岩。尽管曾经在岩浆岩和变质岩中采到过植物的木炭化石,但沉积岩仍然是寻找化石的主要目标,特别是生物沉积岩。

在野外实习前,详尽阅读实习区的有关资料和文献,了解实习区的地层和已发现化石的情况,有助于在实习中有目的地找到化石。在实习中要注意和当地居民交流,以获得有用的信息,如山东莒南左山岭恐龙足迹化石就是老百姓在取石的过程中发现的。在实习中要注意观察露头,特别是断崖和冲沟,这些地方好像把岩层切开一样,把地层中埋藏的化石清楚地暴露在地表,如山东龙骨洞的恐龙化石就发现于冲沟中。要特别注意地层层次变化比较多的地方,特别是一些丘形堆积,这些地方容易找到脊椎动物的化石。如果地势平坦,岩性一致,颜色也没有变化,这种情况下很难找到化石。如果一片地方有砂岩砾岩等互层,而且岩石的颜色也各有深浅,就容易找到化石。此外,要注意结核,它们一般是由铁质、钙质、磷质组成,在结核中常常含有第四纪哺乳动物化石,如江苏句容的裂齿鱼化石就保存在结核里。洞穴是哺乳动物化石的仓库,一定要留心在洞穴中寻找哺乳动物化石和古人类化石。我国著名的北京猿人、山顶洞人、蓝田猿人都是在山洞中找到的,并且伴有大量的哺乳动物化石。

此外,要注意观察岩石被风化而形成碎石的陡坡,碎石坡为发现化石提供了大量岩石的断面和风化表面,比花费大量时间去敲开岩石而最后可能一无所获要好得多。许多地点都可以采用这种方法,如海岸地带、海崖下的岩石、河床的松散岩堆以及山边陡坡,从中寻找化石,然后在其上方找到与含化石岩性相一致的原生层位,从中往往可以找到更大更好的化石。

找到化石后,要注意观察化石的形态、保存方式等,对其进行鉴定、记录、素描并拍照。还要注意化石所在地的位置,其所在地层的产状、岩性、时代等情况,一并加以记录。

如果是在进行地层的系统观察,除要记录在哪些层发现化石外,还要特别注意某种化石首次出现的层位、最后出现的层位,特别是那些标准化石。所谓标准化石,就是在地质历史中生存时间短、分布广泛、数量较多、特征显著、易于鉴定的化石。标准化石对确定地层时代和划分对比地层有着特别重要的意义,如含有三叶虫纲化石的地层就是古生代地层。

(二)化石的鉴定

对化石进行鉴定是化石野外观察工作的继续,也是利用化石开展其他研究的前提。古生物化石的鉴定主要以形态为依据。通常高级分类单元按自然系统划分,而低级的分类无法按照自然系统进行,此时就依据化石的种类、形态等进行鉴定,订立一些形态或器官的种、属,甚至科,如牙形刺、足迹等。

各门类古生物化石的具体鉴定方法都不尽相同,一般步骤包括:①熟悉标本外部形态和内部构造,对大化石的细微构造或微体化石借助实体镜、显微镜或电子显微镜进行观察,必要时做连续切片,以便于了解化石内部构造特征;②利用所掌握的知识并查阅有关文献,确定较大的分类阶元,一般定到科;③利用检索表、图版等文献资料,将标本进一步检索到属、种;④选择有代表性的种群标本或典型的单个标本进行特征描写,度量各种性状要素及进行照相。

鉴定化石标本时,主要借助某一类别或某一地层层位中发现的化石的有关专著,并查阅专著出版后发表的有关论文。在进行正确、全面的资料查阅对比后,发现所鉴定的化石与文献中所描写的某一化石完全相同,就可以将该化石归在同一名称之下。如果没有发现相同的特征记述,就可以这批标本为基础,建立新种、新属等新的分类,并给予适当的名称。

标本鉴定后,要进行记述。一个古生物种的完备记述,按顺序包括下列各项:学名、图版、同异名录、标本的编号和保存地点、鉴定要点、描述、度量及其他数据资料讨论、产地和层位等。

第五节　构造地质学野外基本工作方法

地壳上的各种岩石,在形成过程中及形成以后,不断地经受内、外动力地质作用,发生微观上和宏观上的种种变化,我们把这种岩石受力而发生变形变位留下的形迹叫做地质构造。地质构造是组成地壳的岩石在内外动力地质作用下而产生的地质效果的体现,也是组成地壳的岩石在空间状态及相互关系上的体现。构造地质学是研究岩石圈内地质体的形成、形态和变形构造作用的成因机制,及其相互影响、时空分布和演化规律的地质学分支学科。构造地质学最先是对构造要素,即褶皱和断裂的形态、变形组合的认识和分析,以及构造均匀区域划分带的研究,然后结合岩石组合特征,研究演化历史和变形期次与阶段。其核心是构造演化的动力机制和成因模式,因而与学说、假说相联系。所以,对地质构造的观察也是地质地貌野外实习的主要内容之一。

由于岩石性质、受力大小、受力方向、受力持续时间的差异,地质构造表现为劈理、线理、褶皱、节理和断层等不同的形式。

一、劈理的野外观察与研究

对劈理的详细观察是恢复大型构造形态和性质、分析变形机制和背景、建立构造序列和层次等深入研究的基础。考虑到劈理和片理均属次生面理构造,包括在实习区内的许多地质单元中,它们处于同一构造环境且构造意义类同,故将二者视为一体简介野外基本观察要点。

(一)层理和劈(片)理的区分

在变质岩发育区或其他构造变形较为强烈的区段,原生层理常被劈(片)理不同程度地置换甚或被其隐蔽,因而极易将劈(片)理误为层理。应强调的是,沉积岩和岩浆岩中的各种原生层状构造,是由物质成分、粒度、颜色和固结方式等方面的差异性所显示,并受叠覆原理和侧向堆积原理所制约。如某变质岩系已遭受到较强的劈(片)理化,但其中的磁铁石英岩、大理岩、硅质岩等夹层延伸方向仍可指示原生层理产状。因此,在野外对原生构造标志(包括沉积成因者、火山成因者)进行观察分析是正确区分层理和劈(片)理的关键。

劈(片)理最显著特征是以不同角度交切岩性层理。在构造强烈置换区,层理和劈(片)理产状近于一致,此时以构造准则进行工作亦十分有效,如利用由置换作用残留的钩状、"M"状片内褶皱转折端等恢复较大级别的构造形态和区别劈(片)理和层理,有助于野外工作者正确掌握、鉴别原生构造和再构造作用的若干标志和形迹。

(二)劈(片)理类型的野外厘定

不同岩石力学性质的岩层在同一期变形中可同时出现不同类型的劈(片)理。在野外对其分类可从以下几方面入手:根据劈理域能识别的尺度和透入性,把劈理分为不连续劈理和连续劈理(见图1-17);根据矿物粒径的大小、劈理域形态及劈理域和微劈石的关系将连续劈理进一步分为板劈理、千枚理、片理、片麻理;同时还应根据微劈石的结构将不连续劈理分为褶劈理、间隔劈理。一般情况下,板劈理(片理、片麻理)与矿物的优选方向相关;褶劈(片)理切割和改造先存在面理,仅在劈理域有定向的新生矿物,发育特点受岩性或组构类型、矿物粒度大小、矿物组合参数控制;间隔劈(片)理或破劈理为一组密集的剪切面,一般与矿物的排列无关。

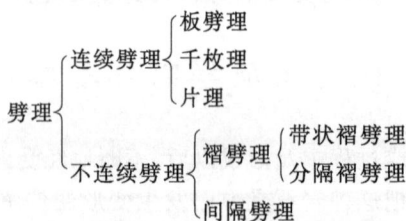

图 1-17　劈理类型

(三)研究劈(片)理的形式与岩性组合

劈(片)理形式或样式主要取决于岩性组合特征。在一些组合复杂的岩石中可以见到多种劈(片)理形式,如正扇形、反扇形劈理;岩石组合中韧性差异减少时形成平行轴面的板劈理或片理;岩性差异明显时还可形成"S"形劈(片)理、劈理折射、弧形劈理等。

(四)观察判断劈(片)理与大型构造的关系

劈(片)理的形成除与岩性组合有关外,也常与褶皱或断层在几何上、成因上有着密切的关系。若将上述岩性组合特征与其发育的构造部位结合起来研究,将有助于查明大型构造的形态和形成机制,劈理大致有以下几种类型。

1. 层间劈理

层间劈理的类型和产状受不同层的岩石力学性质控制并受层间界面限制,形成机制与构造变形过程中的层间差异性滑动或塑性流变有关。在强弱相间的岩层中,一般在较软弱且韧性较强的岩层中发育板劈理,与层面交角较小,在褶皱中形成向背斜转折端收敛的反扇形劈理,在强烈挤压的同斜褶皱翼部,劈理甚至可以与层面基本平行;在比较强硬而脆性的岩层中,或不发育劈理,或发育间隔劈理,且与层面的交角较大或近于垂直,在褶皱中形成向背斜核部收敛的正扇形劈理。由层间滑动形成者可以指示物质的差异运动方向,即根据与层理的交角来判断,这是因为在一般的侧向挤压褶皱中,都是上层相对于下层向背斜转折端运动的。劈理与层理的交线垂直于物质运动方向,代表了中间应变轴,与大褶皱的枢纽方向平行。

2. 轴面劈理

轴面劈理常见于强烈褶皱的岩层中,其产状与褶皱轴面平行,多为板劈理或片理,与轴面一起代表了变形中的压性结构面。通常的情况是,在褶皱比较开阔的区段,其产状与两翼岩层斜交;而当褶皱紧闭程度达到同斜褶皱样式时,则与两翼渐趋一致,仅在转折端处才能观察到二者的交切关系。

3. 顺层劈理

顺层劈理是由代表性结构面的板劈理或片理组成,与岩性分界面平行。上述轴面劈理若在变形强烈区段发育,亦可视为此种类型的构造。在多数露头上常看到的是劈理与层理平行,只有在找到残余的褶皱转折端时,方能区分层理与劈理。

4. 断层劈理

断层劈理是伴随断层的形成而发育的一系列板劈理、间劈理或片理,其分布只限于断层带内及其附近。如与压性断层相伴生,平行于断层面的板劈理或片理,可形成动力变质带;受断层运动的派生应力场的作用,可形成与断层面斜交的板劈(片)理或间隔劈理,并可根据其方位判断断层的相对运动方向。

(五)判断劈(片)理的期次

每一期劈理的出现,表示经历一次构造事件,分析劈理形成的先后顺序,对建立构造序列具有重要意义。其判别准则是,早期劈理发生弯曲或位移,叠加劈理却保持直线性。野外观测劈(片)理与大型构造的几何关系时,首先要查明区域内岩石的主期面理和空间分布规律,结合劈理成因机制和交切关系来判别劈理形成顺序,但要注意被改造的方式在一个区域内会因较大级别的构造类型、样式不同而有所差异。

为了野外记录方便,通常以 S_0 表示层理,以 S_1,S_2,S_3 等表示不同变形期的劈理或面理。

(六)研究劈(片)理化岩石中的应变标志

力求寻找和发现劈理化岩石中各种应变标志,如已经变形的褪色斑、鲕粒、砾石、压力影构造等,并进行测量和应变分析,以便与劈理成因机制相佐证。必要时,可采集定向构造标本以备室内进一步研究。

二、线理的野外观察与研究

根据成因,线理可分为原生线理和次生线理。前者是成岩过程中形成的线理,如沉积岩中定向排列的砾石,岩浆岩中的流线;后者则是在变形变质过程中形成的。二者在野外地质调查和实习时的实用价值和研究意义不同,因此要加以区分。

次生线理是运动学的一种重要标志,它能够指示构造变形中物质运动的方向和轨迹,在构造解析方面具有特殊的作用,故本小节仅讨论次生线理(以下简称线理)。根据观察研究的尺度,又可将线理划分为小型线理和大型线理,前者指露头或手标本尺度上透入性线状构造,后者多指中型(亦可能包括大型)尺度上非透入性线理。

(一)线理的野外概略分类

线理的野外概略分类如图 1-18 所示。

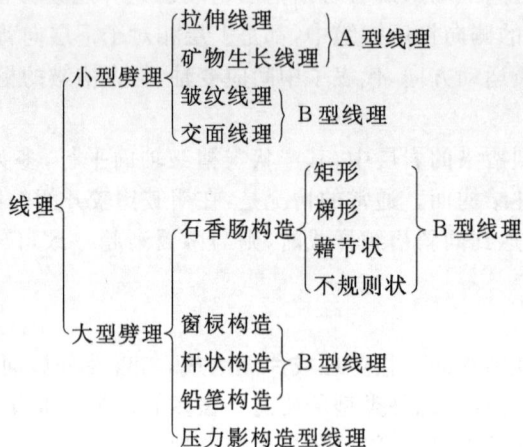

图 1-18　线理类型

(二)线理的观察内容

(1)确定线理类型,特别注意其构造运动方向之间的关系,研究线理所在的构造面性质。

(2)测量线理产状并观测其与所在构造面的产状关系。

(3)确定线理产出的构造部位,分析其与所属大构造的几何关系,为研究大构造的运动学、动力学性质及成因机制提供依据。

(4)据其变形特征和交切关系鉴别线理生成顺序,为重建某一地区变形演化史奠定基础。

(5)在线理发育的构造区段要采集定向标本,以便室内进行显微或超显微尺度的研究。

(三)线理测量

由于线理类型及线理出露情况不同,故可选择不同的方法测量线理产状。对已剥离出的窗棂构造、杆状构造等,可用罗盘直接测量其倾伏角;对矿物线理、擦线等测量工作,应在线理所赋存的面理上进行。首先应获得面理产状,然后可以借助锤把、三角板、量角器分别测量其倾伏向、倾伏角、侧伏向、侧伏角。线理数据记录亦按期次存储。用 L_0 表示原生线理,以 L_1, L_2, L_3 等表示不同期次的线理。

三、褶皱的野外观察与研究

在野外地质调查或地质地貌实习中,对褶皱这一最基本的构造形迹进行观察与研究,是揭示某一地区地质构造及其形成和发展的基础,通常被野外地质工作者所注重。

(一)常用分类方案

1.褶皱位态分类

褶皱空间位态主要取决于轴面和枢纽的产状,根据轴面倾角和枢纽倾伏角将褶皱分成七种类型,见表1-6。

表1-6　褶皱位态分类简表

序号	类型	特征
Ⅰ	直立水平褶皱	轴面倾角 80°～90°,枢纽倾伏角 0°～10°
Ⅱ	直立倾伏褶皱	轴面倾角 80°～90°,枢纽倾伏角 10°～70°
Ⅲ	倾竖褶皱	轴面倾角 80°～90°,枢纽倾伏角 70°～90°
Ⅳ	斜歪水平褶皱	轴面倾角 20°～80°,枢纽倾伏角 0°～10°
Ⅴ	斜歪倾伏褶皱	轴面倾角 20°～80°,枢纽倾伏角 10°～70°
Ⅵ	平卧褶皱	轴面倾角 0°～20°,枢纽倾伏角 0°～20°
Ⅶ	斜卧褶皱	轴面及枢纽的倾向、倾角基本一致;轴面倾角 20°～80°,枢纽在轴面上的倾伏角为 20°～70°

2.褶皱形态分类

根据各褶皱形态的相互关系和厚度变化也可对褶皱进行分类。

根据各褶皱层的厚度变化可将褶皱分为以下几种。①平行褶皱,主要特征为:褶皱面作平行弯曲;同一褶皱层的真厚度在褶皱各部位一致;弯曲各层具有同一曲率中心;向下消失于滑脱面上。②相似褶皱,主要特征为:褶皱面作相似弯曲;各面曲率相同,但无共同的曲率中心;两翼变薄而转折端加厚;平行轴面量出的视厚度在褶皱各部位相同;褶皱形态随深度的变化保持一致。

3.其他分类方案

为便于对褶皱描述,可根据褶皱两翼之间的夹角(翼间角)大小,将褶皱描述为平缓(120°～180°)、开阔(70°～120°)、中常(30°～70°)、紧闭(5°～30°)、等斜(0°～50°)几种类型;还可以根据褶皱转折端的形态将褶皱描述为圆弧(滑)、尖棱、箱装褶皱和挠曲等。

(二)褶皱观察内容

野外对褶皱研究主要是进行几何学的观察,目的在于查明褶皱的空间形态、展布方向、内部结构及各个要素之间的相互关系,建立褶皱的构造样式,进而推断其形成环境和可能的形成机制。其观察要点可概括为以下几个方面。

1.褶皱识别

空间上地层的对称重复是确定褶皱的基本方法。多数情况下,在一定区域内应选择和确定标志层,并对其进行追索,以确定剖面上是否存在转折端,平面上是否存在倾伏端或扬起端。在变质岩发育且构造变形较强地区,要注意对沉积岩原生沉积构造进行研究,以判定是正常层位或倒转层位;同时利用同一构造期次形成的小构造对高一级构造进行研究恢复。

2.褶皱位态观测

从上述褶皱分类方案可以看出,褶皱位态需要轴面和枢纽两个要素确定。对于直线枢纽或平面状轴面,只需测量其中一个要素就可以确定褶皱的方位。

实际工作中,露头可见的褶皱全部暴露时,可用罗盘直接度量其枢纽的倾伏向、倾伏角和轴面的倾向、倾角(获取轴面产状应借助轴面劈理且要慎重)。当褶皱没有完全剥露时,只要能测量出褶皱(或枢纽)、轴迹、轴面三个要素中任何两个要素,就可用赤平投影方法求出另一个要素。

3.褶皱剖面形态

褶皱形态一般是在正交剖面上进行观察和描述。由于露头面不规则和褶皱本身形态、位态等方面的复杂性,故观察视线应与枢纽保持一致,沿其倾伏下视进行。只有对褶皱不同位置、不同方向出露的形象进行综合分析才能得出其真实形态。

对褶皱横剖面形态的研究应侧重于枢纽、轴面、转折端形态、翼间角、包络面以及波长和波幅等褶皱要素、参数的观察、测量和描述。

4.褶皱样式

对于褶皱的样式,可概括为:①褶皱层的平行性或相似性;②褶皱的不连续性及不协调性;③褶皱的紧闭性和翼间夹角大小;④褶皱的对称性;⑤成双的共轭褶皱;等等。

褶皱样式大多取决于两个褶皱面之间的单层横截面形态,为研究褶皱样式,必须取得岩层倾角和相关的厚度等原始数据资料。这些资料可以从顺枢纽方向的有关图件上、露头或手标本上、素描图上或相当于正交剖面上进行收集。在野外实习工作中,如果褶皱出露良好,且断面相当于正交剖面,全部工作可以直接在露头上进行。根据一定间隔测量的有关厚度的参数,分别编制厚度变化曲线图,并与相关图示的标准线进行比较,即可确定褶皱的形态类型或样式。

5.褶皱的伴生构造

褶皱不同部位形成不同类型的派生、伴生小构造,可与主褶皱保持一定的几何关系,各自从一个侧面反映出主褶皱的基本特征。借助这些从属构造阐明大褶皱的几何特征,分析褶皱形成机制及发育过程是野外地质工作中常采用的手段之一。

(1)褶皱两翼的小构造。层间擦痕(线)的观察与测量可用以判断相邻层相对位移方向和主褶皱转折端位置以及类型。对翼部从属褶皱的观察与测量,可据其来确定它们处于大褶皱的位置并进一步恢复大褶皱总体形态。

(2)褶皱转折端的小构造。观察节理和小断层的类型、特征,鉴别其力学性质,测量其产状要素,利用它们的组合系统和方位分析转折端的应力、应变状态;对从属褶皱类型,再结合地层时代关系确定褶皱性质(背斜、向斜)。另外,还应认真观察转折端的"虚脱"现象及被岩浆、矿液充填的情况。

(三)观察研究褶皱的一般程序

在地质调查过程中发现露头良好的褶皱正交剖面时,应做如下观察、描述、测量和记录。

(1)定观察点和制图,记录褶皱的地理位置和所处的大褶皱部位。

(2)概括褶皱发育状况及相关地质:①褶皱核部和两翼的地层及岩性;②褶皱两翼、枢纽和轴面等要素的产状;③褶皱对称性;④褶皱在强层和弱层中发育的差异性;⑤褶皱伴生组合要素及各自表现特征;⑥尽可能实地收集不同部位岩层厚度及其变化等原始资料并在正交剖面上拍照。

（3）根据收集的数据、资料和信息,初步对褶皱形态、位态、样式等进行几何学分析,经综合归纳和深入研究后,对其成因和动力学机制进行解释。

四、节理的野外观察与研究

节理是野外常见的构造类型。节理的性质、产状、期次、组合、发育程度和分布规律与褶皱、断层乃至区域构造等有着密切的成因联系,对其详细研究有助于对某一地区各类地质事件进行深入分析和了解。

(一)野外观察区段(点)的选择与布置

在野外地质调查或地址填图过程中,一般根据专题研究和要解决的问题来选择布置观察区段(点)。一般要求有几十条节理可供观测,而且最好将其布置在既有平面又有剖面的露头上,以利于全面研究解析。

(二)观测研究内容

(1)在任何地段观测节理,首先要了解区域褶皱、断裂的分布特点以及观察区段(点)所在的构造部位,区分不同岩性的地层或其他地质体,观察和测量其中不同性质的节理,如表 1-7 所示。

表 1-7　节理观测记录表

编号	点号及位置	所在构造类型及部位	地质时代、岩性及产状	节理产状	节理面及充填物特征	节理力学性质及组合关系	节理分期与配套	节理密度/(条/米)	备注
1									
2									
3									
...									

(2)区分节理的力学性质来厘定张节理、剪节理或羽饰构造等类型。一般根据节理特点(如产状变化、光滑程度、充填情况)、组合形式以及尾端变化(如分叉、折尾、马尾状)诸方面因素来综合确定。

(3)节理若被脉体充填,调查时要尽量收集脉体产状、规模、形态、间隔、充填矿物的成分及其生长方向等资料;根据节理或脉体特性进行分组,以它们之间交切、互切、限制、追踪和矿物生长方向来分期配套,以确定形成的先后顺序。另外,制作素描图或拍照记录其形态和相互关系。

(4)在选定地点内对所有节理产状进行系统测量,测定方法与岩层产状要素测定的方法类同。为特殊目的需要,如为确定某一组节理与褶皱的关系,则要测定节理与层理、共轭节理等交线产状,以判别褶皱几何形态。

(5)注意观测缝合线构造。此种构造可与层面平行、斜交或直交,它们一般与主压应力方向垂直,在一定程度上有助于分析区域应力场。

(三)节理观测资料的整理与解析

在各观察区段(点)所获得的节理数据、资料等信息要及时在野外基地或室内进行整理、统计、存储和制图。根据拟解决的问题而制作的相关图件有数种,若了解节理或与之相关的脉体发育情况时常汇编玫瑰花图、节理极点图等;若为分析节理与构造应变关系,则可绘制节理应变场状态图等。

五、断层的野外观察与研究

断层的性质、特征及发育规模,在很大程度上将可能控制某一地区的地质复杂程度,一些大断层亦可能构成某一区段基本地质构造格架。因此,野外对断层构造的研究已成为地质调查或地质填图的一项重要内容之一。

(一)断层常用分类方案

断层常用的分类方案如表 1-8 所示。

表 1-8　常见断层分类简表

分类依据	类型	
根据两盘相对运动特点	正断层	
	逆断层	高角度逆断层,倾角大于 45°
		低角度逆断层,倾角小于 45°
		逆冲断层位移显著,角度低缓
	平移断层	左旋(左行)平移断层
		右旋(右行)平行断层
	平移-逆断层,以逆断层为主兼平移性质	
	平移-正断层,以正断层为主兼平移性质	
	正-平移断层,以平移为主兼正断层性质	
	逆-平移断层,以平移为主兼逆断层性质	
根据断层走向与岩层走向之间的关系	走向断层	断层走向基本与岩层走向一致
	倾向断层	断层走向基本与岩层倾向一致
	斜向断层	断层走向与岩层走向斜交
	顺层断层	断层面与岩层面等原生界面基本一致
根据断层面与褶皱轴向或区域构造线之间的几何关系	纵断层	断层走向与褶皱轴向或区域构造线一致
	横断层	断层走向与褶皱轴向或区域构造线直交
	斜断层	断层走向与褶皱轴向或区域构造线斜交

另外,与断层相关的构造名词有:推覆体、逆冲推覆构造(推覆构造)、枢纽断层、剥离断层、变质核杂岩、滑脱构造、走向滑动断层(走滑断层)。

(1)推覆体:在角度十分低缓的逆冲断层上运移距离在数千米以上的平板状外来岩体系。

(2)逆冲推覆构造(推覆构造):既包括逆冲断层,又包括外来岩体在内的整个构造系统。

(3)枢纽断层:断层的一侧以垂直于断层面的轴为枢纽而发生过旋转运用的断层。

(4)剥离断层:伸展构造区发育的一种平缓铲式正断层,并且往往与变质核杂岩构造有关。

(5)变质核杂岩:由古老片麻岩等组成的穹隆状隆起,外形近圆形,以剥离断层为界与沉积盖层分开,剥离断层接触带实为由糜棱岩组成的韧性剪切带。

(6)滑脱构造:顺一条相对原生界面(如不整合面,重要岩系或岩性界面等)发生剪切滑动,滑动面上下盘的岩系各自独立变形,或造成地层缺失。它是伸展(或重力)体制下形成的低角度断裂构造。

(7)走向滑动断层(走滑断层):大型平移断层,两盘顺直立断层面相对水平滑动。

(二)断层观察内容

1.断层几何要素和位移

野外断层的观察,一是要有章可循,二是要注意对所收集的信息、资料和数据的记录、规范化的描述。断层几何要素包括断层面、断层带、断层线、断盘(上盘、下盘、东盘、西盘等);位移包括滑距、断距、落差、平错以及上盘的运动方向。

2.断层的识别

对于断层的识别,通常采用不同尺度的构造观察相结合,遥感解译与实地验证相结合,路线地质与地质填图相结合,区域调查与专题研究相结合等手段,并利用多方面标志进行综合判断方能确定,如表1-9所示。

表1-9　断层野外识别标志

序号	识别标志	举例
1	地貌标志	断层崖、断层三角面、错段的山脊、泉水的带状分布等
2	构造标志	线状或面状地质体突然中断或错开、构造线不连续、岩层产状急变、节理化和劈理化狭窄带的突然出现以及挤压破碎、擦痕、阶步发育等
3	地层标志	地层的缺失或不对称重复
4	岩浆活动和矿化作用	串珠状岩体、矿化带、硅化带和热液蚀变带沿一定方向断续分布等
5	岩相和厚度标志	岩相和厚度突变

3.断层观察要点

(1)断层面(带)产状的观测。断层面出露地表且较平直时,可以直接测量或利用"V"字型法则判断,但多数情况下常表现为一个破碎带,往往比较杂乱或被掩盖而不能直接测量。此时可在与之伴生的节理、片理产状测量统计数据的基础上,综合钻孔资料或物探资料,用三点法、极射赤平投影等推断确定。另外,在确定断层面产状时,应考虑到其沿走向和倾向可能发生变化。

(2)断层两盘运动方向的确定。断层活动过程中总会在断层面上或其两盘留下一定的痕迹或伴生现象,它们是分析判断两盘相对活动的主要依据。断层活动是复杂的,一条断层常常经历了多次脉冲式滑动,因此,在分析并确定两盘相对运动时,应充分考虑其复杂性、多变性。

(3)断层规模观测。野外要追索断层延伸的长度和涉及的宽度,并结合有关方法测定断距大小以确定断层规模。其中,测定断距的方法有很多,例如:在露头上采用剖面法求解,或根据断层造成缺失或重复的地层厚度来估算,亦可根据构造窗后缘与最远飞来峰之间距离确定最短位移距离等。测定断距相对比较精确的方法是采用"平衡剖面法",但必须掌握丰富的地质资料。真实的断层滑距一般要在上述资料基础上,根据断层的几何关系进行计算才能获得。

(4)断层期次的判别。由于受后期构造改变或本身重新活动的影响,早期断层的运动方向或性质等会发生转变,因此,野外实习时要力求收集准确的相对时序关系的地质证据,其中较为重要的是结合构造要素组合规律和序列进行分析,如叠加的擦痕、构造岩交切分布、充填其中的岩体、岩脉被错开等。

第六节 第四纪沉积物的观察方法

第四纪形成的未经胶结的松散沉积物,是人类赖以生存的基础之一。农业根植各种松散的第四纪沉积物发育的土壤,大量的地下水存在于第四纪堆积物的孔隙中,部分重要矿产(沙金、金刚石、锡、盐和硼等)和建筑材料(土、沙、砾石)也产于第四纪沉积物中。第四纪普遍覆盖于大陆地表,其空间分布与现代地形密切相关。

对第四纪沉积物的观测,首先要注意观测地层特点,包括地层的厚度、产状等;其次要对剖面中的沉积物根据不同的物质成分和结构等特点进行分层,从上而下地逐层进行观测和记录。

一、第四纪沉积物的特征

1.岩性松散

第四纪沉积物一般形成不久或正在形成,成岩作用微弱,绝大部分岩性松散,少数半固结,极少硬结成岩。这一特点有利于将沉积物形成时保存的古气候、古环境信息反映出来。在第四纪松散沉积物中进行采矿、施工工作比较容易,但也容易发生地质灾害。

2.成因多样

第四纪气候、外动力和地貌具有多样性,由此而形成了多种多样成因的大陆沉积物和海洋沉积物。各种成因的沉积物具有不同的岩性、岩相、结构、构造和物理化学性质与地震效应。

3.岩性岩相变化快

即使同一种成因的陆相第四纪沉积物,由于形成时动力和底面环境变化大,因此沉积物的岩性、岩相结构变化也大。第四纪海相沉积物相较陆相沉积物,其岩性、岩相更加稳定。

4.厚度差异大

剥蚀区第四纪陆相沉积物厚度一般较小,从几十厘米到十几米不等,但在扇前、盆地、平原、断裂谷地等堆积区的厚度可达几十米至数百米。

5.风化程度不同

陆相第四纪沉积物大多出露于地表,受到冷暖气候交替、水及生物等作用,由于风化环境差异,表现出明显的风化程度差异,且时代越老的第四系风化程度一般越深。

6.含有化石及古文化遗存

在第四纪沉积物中,含有大型和小型哺乳动物化石、古人类化石、石器和陶瓷、用火遗迹(如灰烬和炭屑),以及村舍遗址等。

二、第四纪地层

首先,观察地层是原始的,还是后期经过变动和移动的。当地层产状是原始的,而且是水平时,在任何方向上的剖面都可以对其进行观测;若地层产状是非水平时,需要尽可能利用垂直走向的剖面来观测其厚度和产状。经过变动(断裂或挠曲等)和移动(滑坡或崩塌等)的地层剖面,需要从不同的方向来观察地层的变化。在正常的沉积情况下,通常剖面都是由下向上,沉积物的时代由老到新。描述时不仅要注意剖面垂直方向上的上下层位关系,而且要追溯各层水平方向上的延伸,特别要注意是否存在侵蚀切割、构造转换、水平相变等现象。

其次,测量地层的厚度和产状。同时说明地层的情况,是稳定连续的,或是有变化的(呈透镜状或尖灭的);是水平的还是倾斜的、波状起伏的、挠曲的,或是破碎混乱的等。

最后,观察地层与上、下层间的接触关系。是整合、不整合或假整合;是有清晰的界面或逐渐过渡;是不明显侵蚀面或是有侵蚀面;是侵蚀、剥蚀形成的,还是构造运动或火山等原因形成的。

划分第四纪地层时,要根据气候地层法的原则,还必须具体通过对沉积物中的古生物化石、古人类和考古、沉积物的岩性和岩相、新构造等特征,进行综合分析。根据第四纪地层的特点,在国际上普遍采用四分法,即将新生界第四系分为下更新统(Q_1)、中更新统(Q_2)、上更新统(Q_3)和全新统(Q_4),相应的新生代第四纪地质时代划分为早更新世(Q_1)、中更新世(Q_2)、上更新世(Q_3)和全新世(Q_4)。

三、第四纪沉积物的颜色

沉积物的颜色是沉积环境的重要标志,按照其成因可分为继承色、原生色和次生色三种类型。碎屑沉积物的颜色主要继承母岩的颜色,这种颜色称为继承色;黏土或化学沉积物的颜色是在沉积过程中由原生矿物形成的颜色,这种颜色称为原生色;沉积物堆积之后,由于后来的风化作用等使原来岩石的成分发生变化,生成新的次生矿物,从而颜色也发生变化,这种颜色称为次生色。要研究颜色的成因,必须观察颜色在剖面上的分布特点。原生色与继承色的颜色均匀,分布面积广,并与层理符合;次生色不均匀,呈斑点状,在裂缝和空洞处颜色有变化,分布局限,与层理不一致。

观察第四纪沉积物的颜色,应以干燥的新鲜面原生色为准,对于次生色也应进行描述。此外,由地下水或地表水淋滤、浸染、含水量变化造成的假想和干扰也应观察和描述。野外调查中要根据比色卡对沉积物的颜色进行命名。如果用单一颜色表示主色不充分,可在前面加次要颜色和色调的深浅程度来补充,故一般采用"深浅程度+次生+主色"的描述方式,如浅黄色、浅灰棕色、深棕褐色等;若夹有其他色斑点或条带时,也需具体描述,如灰黑色蓝色斑点、深棕色夹杂淡灰色条带等。

四、第四纪沉积物的结构

(一)粒度与磨圆

第四纪沉积物的粒度取决于搬运营力和沉积介质的特定条件,记录着沉积环境的丰富信息。沉积物粒级分类有许多种,它们之间存在着一些差异。野外通常根据粒径大小分为砾、砂、粉砂和黏土等。沉积物常用十进制方法进行定性分类,即划分为巨砾、粗砾、中砾、细砾、粗砂、中砂、细砂、粗粉砂、细粉砂和黏土(见表1-10)。

表1-10　第四纪沉积物粒度分级表

粒级划分	十进制		2的几何级数制	
	粒级划分	颗粒直径/mm	粒级划分	颗粒直径/mm
砾	巨砾	>1000	巨砾	>256
	粗砾	(100,1000]	中砾	(64,256]
	中砾	(10,100]	砾石	(4,64]
	细砾	(1,10]	卵石	(2,4]
砂	粗砂	(0.5,1]	极粗砂	(1,2]
			粗砂	(0.5,1]
	中砂	(0.25,0.5]	中砂	(0.25,0.5]
			细砂	(0.125,0.25]
	细砂	(0.1,0.25]	极细砂	(0.0625,0.125]
粉砂	粗粉砂	(0.05,0.1]	粗粉砂	(0.0312,0.0625]
			中粉砂	(0.0156,0.0312]
	细粉砂	(0.005,0.05]	细粉砂	(0.0078,0.0156]
			极细粉砂	(0.0039,0.0078]
黏土	黏土	<0.005	黏土	<0.0039

第四纪沉积物的磨圆度(滚圆度)是说明沉积物的搬运介质、搬运方式、搬运距离和成因类型的重要依据。因为砂和砾在搬运介质条件稳定时,其磨圆程度与体积、重量、风化程度、搬运距离的远近及搬运速度成正比,与岩石本身的硬度和节理等成反比。另外,磨圆度也决定于搬运的介质和方式,如风力搬运沙砾磨圆度最好,水底推移和跃移的沙砾磨圆度次之,处于悬浮状态和冰川所搬运的沙砾磨圆度最差。从岩性上来说,石英难以磨圆,灰岩、砂岩和页岩相对易于磨圆。

磨圆度的定性描述通常划分为5级,见表1-11。这种划分方法虽然较粗糙,但是确定等级时有一定的直观性,在野外工作时由于其简单易于操作而常被采用。

表 1-11 磨圆度分级表

分级	命名	特征
0级	棱角状	颗粒原始棱角和形态完全保持,无磨圆,以凹边缘为主,偶见直线边缘,磨圆程度差
1级	次棱角状	颗粒原始棱角和形态完全保持,只是角和棱边有轻微磨圆,以直线边缘为主,可见凹边缘,偶见凸边缘,磨圆程度较差,坡积物中常见
2级	次圆状	颗粒棱角明显磨圆,原始形态尚可辨认,以直线边缘为主,可见凸边缘,凹边缘基本上消失,磨圆程度中等,冲洪积物中常见
3级	圆状	颗粒棱角不明显,均磨圆,只有局部保留原始外形,以凸边缘为主,可见直线边缘,磨圆程度较好,为远距离搬运或长时间打磨所致,河流、湖泊、风沙沉积物中常见
4级	极圆状	颗粒无棱角,无凹面,常呈椭球状或蛋形,原始形状完全无法辨认,全都为凸边缘,圆度极好,海滨、湖滨常见

(二)形状与表面特征

砾石的形状是多种多样的。对于砾石形状的确定方法,首先测量砾石的长轴 A、中轴 B 和短轴 C,然后计算砾石的等轴性指数 $\left(\dfrac{A+B}{2B}\right)$、扁平度指数 $\left(\dfrac{A+B}{2C}\right)$ 和球度 $\left(\dfrac{\sqrt[3]{A \cdot B \cdot C}}{A}\right)$。一般将砾石的形状分为四大类,即球状或等轴状(三轴相近或相等)、扁球状或扁状(二轴相近或相等而另一轴较短)、椭球状或柱状(二轴相近或相等而另一轴较长)和不规则状(三轴不等,具有其他特殊形状)。砾石的形状一方面与原来岩屑的岩性矿物性质、形状和风化程度有关,另一方面也是不同的外营力在搬运过程中不断磨损的结果。因此,砾石的形状是确定第四纪沉积物成因类型的重要依据,在野外实习时应该仔细观察并记录。例如:海岸带的砾石形状多为扁平而椭圆,上下扁平面对称,是波浪在往复拖曳过程中磨圆的结果;河流的砾石大多数不对称性很强,因为它是单向水流多次翻转磨圆而成;经风沙打磨的砾石,形成具有磨光面和棱角的单棱或多棱的风棱石等。

第四纪沉积物的颗粒表面发育的许多特征,也能指示成因和沉积环境,如擦痕、裂纹、断口、凹坑、麻点、结晶和沙漠漆等。在室内利用扫描电子显微镜研究石英砂表面的微观结构,现已成为判断颗粒沉积环境和推断其形成过程的重要依据。

五、第四纪沉积物的构造

观察沉积物层理构造时,要注意描述层理类型、厚度、层面特征和结核的形状、大小、结构情况等。层理表现为具有不同颗粒、成分、颜色的薄层反复交替出现。按照层理的形态,层理可以划分为水平层理、斜层理、交错层理、透镜状层理、波状层理等类型。第四纪沉积物的厚度一般较小且发生变化,除了定性描述之外,通常要求用钢卷尺进行定量测量,其分层划分见表 1-12。

表 1-12 第四纪沉积物的厚度划分表

分层	巨厚层	厚层	中厚层	薄层	微细层
厚度/cm	>50	(10,50]	(2,10]	(0.2,2]	≤0.2

若遇砾石层时,应尽量在野外做统计研究,观察砾石的成分、形态、大小、风化程度、排列方向、长轴在平面上的分布、扁平砾石的倾向和倾角等,通常采用网络统计法,即在 1 m² 新鲜露头上按 10 cm×10 cm 的网络逐个统计砾石的上述特征,并且认真观察记录砾石间的胶结物的成分(如砂、黏土、钙质、铁质等)、沉积结构(颗粒支撑、基质支撑等)、胶结程度(松散、微固结、半成岩或成岩等),见表 1 - 13。

表 1 - 13 砾石测量统计

编号	砾石成分	各轴长度/cm			扁平面产状		圆度	风化程度	其他特征
		长轴(a)	中轴(b)	短轴(c)	倾向	倾角			
1									
2									
3									
...									

沉积物中还可能保留各种构造运动迹象,如断裂构造、褶皱构造、冰楔构造、扰动构造、滑动构造、卸荷构造、枕状构造等。有时出现具有特殊意义的夹层,如泥炭层、古土壤层、化石层、矿化层、烘烤层、灰烬层、岩类沉积层等,需要特别予以记录说明。

六、第四纪沉积物的矿物成分

在野外确定第四纪沉积物的岩性矿物成分时,要注意区分继承矿物、黏土矿物、化学及生物化学成因的矿物,注意矿物成分与沉积岩的关系。野外调查时,观察颗粒和胶结物新鲜断口的特征、颜色,用小刀测其硬度,采用滴盐酸等方法确定矿物成分。对岩石颗粒风化程度、颗粒之间胶结和填充物的情况也要进行观测,它们往往都是判断沉积物的来源、搬运途径和地层对比的重要依据。对于难以在野外确定的岩性应取样带回室内,以便进一步鉴定。

此外,对有机沉积物应分为泥炭、有机质淤泥和有机质碎屑等进行描述,并指出有机沉积物的含水性、有无大型植物化石(如树干、叶、果实等);化学沉积物除描述成层的化学沉积物外,还要注意对薄层铁壳、铁锰结核、钙质结核、薄层石膏等进行观察与描述。

七、第四纪沉积物的物理性质

沉积物的物理性质一般包括重量、容重、潮湿程度、密实程度、孔隙率、含水性、饱和度、透水性、吸水性、毛细性、软化性和耐冻性等。其力学性质包括压缩性、抗剪强度、抗拉强度、天然坡脚(干燥和水下)和内摩擦角等。具体测量方法可参看工程地质、水文地质教科书和相关方面的手册等。

八、第四纪沉积物的成因类型划分

第四纪沉积物岩性丰富,在确定其成因类型时,需要全面综合地研究整个第四纪地质、地貌和古地理环境,要注意第四纪沉积物所处的地貌部位,研究沉积物的成分、结构、构造、含化石情况以及它们之间的相互关系等(见表 1 - 14)。

表 1-14　第四纪沉积物成因类型划分

共生系列及组			成因类型	形成机理
火山堆积				各种类型火山喷发堆积而成
海相沉积				在潮间带、大陆架及深海海盆和潟湖内,由波浪海流搬运堆积作用及化学生物堆积作用形成的堆积物
陆相堆积	风化系列		残积物	基岩经风化破碎,未经显著搬移的碎屑堆积物
	斜坡系列	重力组	崩积物滑坡堆积	在重力、地表片流及地下水作用下,松散碎屑物经搬运堆积或岩块滑动、崩落形成的堆积物
		坡积组	坡积物	
	水成系列	有槽流水组	冲积物	河谷内由河流作用形成的河床、河漫滩及牛轭湖、三角洲堆积物
			洪积物	山口或沟口由间歇性洪流形成的堆积物,地形的突变(由陡变缓)是堆积物发育的重要条件
		湖沼组	湖积物	湖滨及湖盆中,由流水搬运堆积作用以及生物化学作用形成的各种堆积物、湖水机械沉积物,相当一部分是由入湖河流补给的
			沼泽沉积	沼泽植物繁衍,以堆积作用为主,堆积物富含有机质
	地下系列	洞穴堆积组	洞穴堆积物	地下裂隙、洞穴内,以地下水的沉积作用和化学沉积作用形成各种堆积物,在地下系列堆积物中,流水、重力的堆积作用也很普遍
		泉华沉积组	凝灰华、钙华(泉水堆积物)	
	冰川系列	冰川堆积组	冰碛物	冰川作用在冰流活动区形成的各种堆积物
		冰水沉积组	冰水堆积物、冰湖堆积物	冰川融化成河流(或汇积成湖)而产生的堆积物
		冰缘堆积组	融冻泥流堆积物	冰缘气候条件下,冻压与热融交替而使松散堆积物再搬运堆积而成
	风成系列		风成砂	风的吹扬、散落过程形成的松散堆积物
			风成黄土	
	其他		生物堆积物	生物作用形成的堆积物
			化学堆积物	盐湖等地区由化学沉淀生成的堆积物
			人为堆积物	人类活动形成的大规模松散堆积
	混合类型		残积-坡积物	—
			坡积-冲积物	
			冲积-洪积物	
			冰川-冰水堆积物	

第七节　地貌的野外考察方法

地貌是赋予了成因概念的一种地表形态,是内外营力共同作用的结果,是组成自然地理环境的基本要素。自然界中的地貌类型众多,形态各异,成因复杂,规模悬殊。地貌野外考察的目的主要是为生产及工程建设服务,如土地利用规划、城建规划、公路及铁路的选线、水库和机场及港口选址、水土流失整治、泥石流和滑坡的预防与治理。此外,地貌野外考察也是为了地貌学理论研究和编制地貌图件的需要。

地貌野外考察的基本要求是:确定考察区内的地貌类型及其特征、分布、面积和界线;确定地貌的成因,尤其是地质构造、新构造运动以及气候、水文、植被、土壤等对地貌发育的影响;确定地貌发育过程与演变;测定地貌发育年龄,主要是第三纪以来的相对年龄与绝对年龄;提出对不同地貌类型的利用评价和改造意见。

一、地貌考察实习的内容

地貌考察的内容因任务而异,野外实习一般着重于地貌形态、地貌的组成物质、地貌成因、地貌过程、地貌类型之间的关系及地貌年龄等方面的内容。

(一)地貌形态的观察

1.形态特征描述

形态特征的描述即定性分析。按地貌等级的不同,可分三个层次描述:首先是大型地貌,如山地、高原、丘陵、台地、盆地和平原等的描述(见表1-15);其次是次级地貌,如谷地、阶地、洪积扇、河漫滩等的描述;再次是地貌要素的分析,所谓地貌要素,即组成某种地貌的最基本单元(棱、角、面),如阶地由阶地面及斜坡组成,山由山顶(棱)、山坡(面)和山麓三者组成。

表1-15　中国地貌形体分类基本指标

名称	绝对高度 h/m	相对高度 H/m	地貌特征
极高山	>5000	>500	位于现代冰川和雪线以上
高山	3500<h≤5000	>1000(深切割)	峰尖、坡陡、谷深、山高
中山	1000<h≤3500	500<H≤1000(中等切割)	有山脉形体,但分割破碎
低山	500<h≤1000	100<H≤500(浅切割)	山体支离破碎,但有规律性
丘陵		<200	低岭宽谷,或聚或散
高原	>1000	>500,比临近地貌体高	大部分地貌面起伏平缓
平原	多数<200		地面平坦,偶有残丘孤山
盆地		盆地与盆周高差 500 m 以上	内流盆地,地貌面平缓;外流盆地,有丘陵分布

2.形体计量分析

形态计量分析即定量分析。如果要对形态特征做深入描述,必须进行计量分析,如仅描述

"山高坡陡",不同的人会有不同的理解,山高究竟是 1000 m 或 800 m? 坡陡究竟是 40°或 90°? 因此,需要进行形态测量。有关地貌的面积、高度、宽度、坡度、深度、密度等,都要用数据说明。这些数据可用仪器测量或在地形图、航空相片上等量测后获得。

(二)地貌组成物质的分析

地貌组成物质对于解释地貌的成因有着重大意义,如阶地因组成物质的不同而划分出侵蚀、堆积和基座三种阶地。分析组成物质时,首先区别开是岩石或是第四纪松散沉积物。若是岩石,则应确定属于哪种岩类,以及它的软硬程度、组成矿物、岩石的结构和构造等对地貌的影响如何。若是松散沉积物,则应确定出它的成因类型。只有这样,才能分析沉积地貌的成因。

(三)地貌的成因分析

地貌的生成,除了受组成物质影响外,还受构造、营力(内、外力)和时间(长短)等的影响。构造和内力对地貌的影响主要是在中生代之后,特别是新构造运动影响最为重要,它主要表现为地壳升降、断裂、火山和地震活动等。外力作用主要是对等级较低的地貌进行塑造。地貌形成的因素是多方面的,因此要善于运用综合观点与主导因素观点进行分析。如华南的冲沟和崩岗地貌的发育与风化壳的性质及其厚度、降雨量及降雨强度、植被覆盖度、人为作用及新构造上升活动等多方面因素有关,其中又以植被、风化壳、降雨及人为因素影响最大。

(四)研究地貌之间的相互关系

地貌是在一定自然条件下形成的,随着时间的推移而发生变化,因此地貌既有新生性,也有继承性,它们之间有一定的成因关系。例如:现代雪线以上出现的冰斗,往往与构造上升或气候变冷有关;山地中出现多级夷平面又与地壳多次间歇性上升有关。

(五)现代地貌过程的观察

某些地貌在历史时期内发生迅速的变化,如崩塌、滑坡、沙丘移动、海岸侵蚀、泥石流、地陷、风化壳侵蚀(水土流失)等,它们作用时间短,都可能造成地貌灾害,在地貌调查中都应详细观察,并进行仪器测量,其资料对于生产建设和防治工作均有重要意义。

(六)地貌年龄的确定

地貌年龄包括绝对年龄和相对年龄两种。前者是指地貌形成距今的具体年龄;后者是指地貌形成的先后顺序,即早、晚关系或新、老的相对关系。

1. 相对年龄的确定方法

(1)相关沉积法。借助这种方法,追溯抬升区某些无沉积的剥蚀地形的时代比较有效。要确定调查区内侵蚀地貌的年龄,可利用相邻的沉积地貌内沉积物年龄去确定侵蚀地貌的年龄。这是因高地的侵蚀与低地的堆积有着对应的关系,而且时间一致,因此,如果知道了相邻沉积物的年龄,那么侵蚀地貌的年龄也就可以确定。

(2)年界法。要得知侵蚀面的年龄,首先要了解侵蚀面上堆积物的年龄,因为侵蚀面的年龄介于该面的岩层生成之后与覆盖在该面之上的堆积物年龄之间。例如,广泛分布于华北及东北南部中石炭-中奥陶世不整合面上的岩溶形态,其时代无疑与加里东运动所产生的沉积间断相关。

(3)位相法。高度对比是确定地貌年龄比较普遍的方法,确定阶地、夷平面、古海岸线、古湖岸线等的相对年龄都常用这种方法。按地貌的发生规律,位置越高的地貌年龄越老,如河流第三级阶地比第二级老,第一级阶地又比第二级新。

(4)地貌对比法。它与地层对比法类似,相近的两种高度相同的地貌,生成时代可以相同。例如,在石灰岩区,可根据阶地、夷平面的时代来确定相应高程岩溶层(主要指溶洞层)的形成时代。

(5)岩相过渡法。同一成因的堆积物类型,其岩相可能有差别,但时代应该相同。如同一时期的洪积物,由扇顶至扇缘,由粗变细,逐渐过渡,如果知道其中一段的年龄,则其他段年龄也可断定,整个洪积扇的年龄也因而得知。

(6)同期异相法。两种相邻的沉积地貌,如潟湖与拦湾坝,虽然沉积相和地貌形态不同,但二者具有成因上的联系,相互依存,故沉积时代应大致相同,其接触关系是犬牙交错的。

2.绝对年龄的测定方法

绝对年龄或同位素年龄,需在野外采集有关沉积物的样品,再通过实验室分析才能得出,常用的测定方法有^{14}C法、钾-氩法、铀系法、裂变径迹法和热释光法等(见表1-16)。

表1-16 第四纪绝对年龄测定方法

测年方法		同位素	半衰期/年	测量范围/年	主要测定对象	主要应用范围
放射性碳		^{14}C	5730	<70000	树木、泥炭、贝壳、骨头、碳酸盐	地层年代、洋流、海面升降、土壤年龄、冰川范围等
钾-氩		$^{40}Ar/$ ^{40}K	$1.31×10^9$	≥2500	火成岩及其矿物(云母、长石)	火山活动、火山碎屑岩及火山灰堆积层年龄
铀系	镤-钍	$^{231}Pa/$ ^{230}Th	58000	$5×10^3 \sim$ $1.2×10^5$	海相红黏土、球状海泥、贝壳、骨头化石	海、湖相沉积速率及沉积层年龄
	镤	^{231}Pa	32000	$5×10^3 \sim$ $1.2×10^5$	海相红黏土、球状海泥、贝壳、骨头化石	海、湖相沉积速率及沉积层年龄
	钍	^{230}Th	75000	$5×10^3 \sim$ $4×10^5$	海相红黏土、球状海泥、贝壳、骨头化石	海、湖相沉积速率及沉积层年龄
	钍-钍	$^{230}Th/$ ^{232}Th	—	$5×10^3 \sim$ $4×10^5$	海相红黏土、球状海泥、贝壳、骨头化石	海、湖相沉积速率及沉积层年龄
	镭-钍	$^{226}Ra/$ ^{230}Th	—	$5×10^3 \sim$ $4×10^5$	海相红黏土、球状海泥、贝壳、骨头化石	快速堆积盆地的沉积速率
	铀-234	^{234}U	250000	$5×10^4 \sim$ $1×10^6$	珊瑚、碳酸盐、贝壳等	海、湖相沉积年龄

测年方法		同位素	半衰期/年	测量范围/年	主要测定对象	主要应用范围
反射性铬		^{36}Cr	300000	$5 \times 10^4 \sim 3 \times 10^6$	火成岩、变质岩矿物	可能用于山地冰川的冰碛物年代测定
放射性铍		^{10}Be	2.5×10^6	$5 \times 10^5 \sim 8 \times 10^6$	红黏土	深海沉积层年代
沉降核素	放射性硅	^{32}Si	500	$\leqslant 2000$	海、湖相淤泥等，天然水	近代海、湖相沉积速率及年代，地下水年龄
	放射性铅	^{210}Pb	21	$\leqslant 100$	海、湖相淤泥等，天然水	现代湖泊沉积速率，环境污染
	放射性铯	^{137}Cs	30	$\leqslant 10$	海、湖相淤泥等，天然水	现代湖泊沉积速率，环境污染
	放射性铁	^{55}Fe	2.7	$\leqslant 10$	海、湖相淤泥等，天然水	现代湖泊沉积速率，环境污染
热释光（TL）		—	—	$1 \times 10^2 \sim 2 \times 10^6$	石英、长石、碳酸盐、贝壳、黏土、古陶瓷等	海、陆相沉积层年代，火山活动，古地理，古气温，海面升降
裂变径迹（F.T.）		—	—	$1 \times 10^2 \sim 2 \times 10^4$	云母、锆石、黑曜岩、火山玻璃等	火山活动及有关的沉积层年代
古地磁		—	—	$2 \times 10^4 \sim 1.5 \times 10^6$	未变质岩石新鲜标本	火成岩及沉积地层年代

总之，各种研究地貌年龄的方法都有其适用条件，所测定出的地貌年龄范围也不尽相同。因此，在实际工作中，必须综合运用各种方法，取长补短、相互印证，并密切结合区域地质历史的深入研究才能取得较好的效果。

二、坡地地貌考察

坡地，又称斜坡面或坡面或坡地面，是地貌最基本的形态。整个陆地表面的 80% 以上属于坡地。坡地地貌的形成与发展大致分为两个阶段：首先是风化阶段，坡地物质风化和岩石破裂并具备大量松散物质；其次是块体运动阶段，坡地上的不稳定块体或风化碎屑在重力或流水作用下发生迁徙，在坡脚或山麓形成各种坡地地貌。

坡地地貌考察的主要项目有崩塌、滑坡、剥蚀面和夷平面等。

（一）崩塌考察

崩塌考察包括危岩体考察和崩塌堆积体（倒石堆）考察。

1.危岩体考察内容

(1)危岩体位置、形态、分布高程、规模。

(2)危岩体及周边的地质构造、地层岩性、地形地貌、岩(土)体结构类型、斜坡组构类型。岩土体结构应初步查明软弱(夹)层、断层、褶曲、裂隙、裂缝、临空面、侧边界、底界(崩滑带)以及它们对危岩体的控制和影响。

(3)危岩体及周边的水文地质条件和地下水赋存特征。

(4)危岩体周边及底界以下地质体的工程地质特征。

(5)危岩体变形发育史,包括:历史上危岩体形成的时间,危岩体发生崩塌的次数、发生时间,崩塌前兆特征、崩塌方向、崩塌运动距离、堆积场所、崩塌规模、诱发因素,变形发育史、崩塌发育史、灾情,等等。

(6)危岩体成因的动力因素,包括:降雨,河流冲刷,地面及地下开挖、采掘等因素的强度、周期,以及它们对危岩体变形破坏的作用和影响。

(7)分析危岩体崩塌的可能性,初步划定危岩体崩塌可能造成的灾害范围,进行灾情的分析与预测。

(8)危岩体崩塌后可能的运移斜坡,在不同崩塌体积条件下崩塌运动的最大距离。在峡谷区,要重视气垫浮托效应和折射回弹效应的可能性以及由此造成的特殊运动特征与危害。

(9)危岩体崩塌可能达到并堆积的场地的形态、坡度、分布、高程、地层与产状及该场地的最大堆积容量。在不同体积条件下,崩塌块石越过该堆积场地向下运移的可能性。

(10)可能引起的灾害类型(如涌浪、堰塞湖等)和规模,确定其成灾范围,进行灾情的分析与预测。

2.崩塌堆积体考察内容

(1)崩塌源的位置、高程、规模、地层岩性、岩(土)体工程地质特征及崩塌产生的时间。

(2)崩塌体运移斜坡的形态、地形坡度、粗糙度、岩性、起伏差,崩塌方式,崩塌块体的运动路线和运动距离。

(3)崩塌堆积体的分布范围、高程、形态、规模、物质组成、分选情况、植被生长情况、块度、结构、架空情况和密实度。

(4)崩塌堆积床形态、坡度、岩性和物质组成、地层产状。

(5)崩塌堆积体内地下水的分布和运移条件。

(6)评价崩塌堆积体自身的稳定性和在上方崩塌体冲击荷载作用下的稳定性,分析在暴雨条件下向泥石流、崩塌转化的条件和可能性。

(二)滑坡考察

1.滑坡区考察内容

(1)滑坡地理位置、地貌部位、斜坡形态、地面坡度、相对高度、沟谷发育、河岸冲刷、堆积物、地表水以及植被。

(2)滑坡体周边地层及地质构造。

(3)水文地质条件。

2.滑坡体考察内容

(1)形态与规模:滑体的平面、剖面形状,长度、宽度、厚度、面积和体积。

(2)边界特征:滑坡后壁的位置、产状、高度及其壁面上擦痕方向;滑坡两侧界线的位置与性状;前缘出露位置、形态、临空面特征及剪出情况;露头上滑床的性状特征。

(3)表部特征:微地貌形态(后缘洼地、台坎,前缘鼓胀,侧缘翻边埂等),裂缝的分布、方向、长度、宽度、产状、力学性质及其他前兆特征。

(4)内部特征:通过野外观察和山地工程,调查滑坡体的岩体结构、岩性组成、松动破碎及含泥含水情况,滑带的数量、形状、埋深、物质成分、胶结状况,滑动面与其他结构面的关系。

(5)变形活动特征:访问调查滑坡发生时间,目前的发展特点(斜坡、房屋、树木、水渠、道路、坟墓等变形位移及井泉、水塘渗漏或干枯等)及其变形活动阶段(初始蠕变阶段、加速变形阶段、剧烈变形阶段、破坏阶段、休止阶段),滑动方向、滑距及滑速,分析滑坡的滑动方式、力学机制和目前的稳定状态。

3.滑坡成因考察

(1)自然因素:降雨、地震、洪水、崩塌加载等。

(2)人为因素:森林植被破坏,不合理开垦,矿山采掘,切坡、滑体下部切脚,滑坡体上部人为加载、震动、废水随意排放、渠道渗漏、水库蓄水等。

(3)综合因素:人类工程经济活动和自然因素共同作用。

4.滑坡危害情况考察

(1)滑坡发生发展历史,破坏地面工程、环境和人员伤亡、经济损失等现状。

(2)分析与预测滑坡的稳定性和滑坡发生后可能的成灾范围及灾情。

5.滑坡防治情况考察

考察滑坡灾害勘察、监测、工程治理措施等防治现状及效果。

(三)剥蚀面和夷平面考察

长期构造稳定的地区,坡地发育可以达到最终阶段,即准平原或剥蚀平原。准平原是和缓起伏的地貌形态,剥蚀平原是微倾斜的基岩平原,其上残留一些岛状小丘。准平原和剥蚀平原的形成与该区自然条件相适应,在该区降雨和径流强度的条件下,上述地形各部分均已达到均衡状态,既不侵蚀也无堆积。这样的地形在地质历史时期确实存在过,后期构造运动抬升使它们大部分被侵蚀破坏,残留的准平原称为夷平面,残留的剥蚀平原称为剥蚀面(或剥夷面),它们代表了地貌发育过程中长期稳定的阶段。

剥蚀面和夷平面的观察内容包括以下几个方面:①夷平面或剥蚀面的起伏形态、高度、范围、高程等;②基岩产状、夷平面和剥蚀面与地层层面是否一致,它们是否切过不同岩性的地层;③夷平面、剥蚀面与其他地貌单元的关系;④夷平面、剥蚀面之上有无相应的松散沉积物残留,如果发现原来的沉积物,要描述其产状、岩性、厚度及分布情况;⑤夷平面、剥蚀面后期被侵蚀破坏的情况、风化程度等。

对考察区的夷平面、剥蚀面调查后,应总结夷平面、剥蚀面形成的时期;后期变形及被构造运动错段的情况;它们后期侵蚀、切割的程度;夷平面与其他地貌类型的组合关系及形成的先后顺序;夷平面与剥蚀面的形成同砂矿富集的关系;等等。

三、河流地貌考察

(一)河流纵剖面考察

河流纵剖面的绘制方法有两种:一种方法是根据水文站的河床测量资料,连接各河流断面最低点绘出河床纵剖面,这种方法得到的剖面线最为准确;另一种方法是根据大比例尺地形图,把图上所标注的水位高程点连接起来,得到的是水面纵剖面。河流纵剖面绘成之后,找出比较接近均衡剖面的河段以及比降异常、剖面线波折的地点(裂点)。比降异常可能由岩性、断层、构造抬升、滑坡和崩塌堆积体堆积河道、河谷宽度的变化、支流汇入等原因造成。大多数情况下,河床比降的变陡都与构造抬升、断层和岩性变化有关,在野外考察时要查明纵比降变化的确切原因。

根据河流纵剖面比降的变化,可把河流划分成几个不同特征的河段,如峡谷段、山间盆地段、平原河流段等,以便于从整体上掌握各河段河流发育的主导原因,从而对整个河流的发育背景形成一个整体概念。

(二)河流阶地考察

1.阶地的类型

区别河流阶地是属于侵蚀阶地,还是属于基座阶地或堆积阶地(内叠阶地、上叠阶地)。

2.阶地的形态

主要测量指标包括河水面高程、阶地前缘和后缘高度、阶地面宽度和长度、阶地面倾斜方向、阶地面的起伏等。

3.阶地的物质组成

侵蚀阶地要观察基岩的岩性、产状、构造,确定阶地与岩性及构造的关系。基座阶地除观察基岩的岩性和构造之外,还要测量基岩面的形态,以及它的倾斜和起伏变化情况;观察基质以上松散沉积物的厚度、分层、岩性和沉积相;要注意划分河流沉积物之上或其中的其他成因的沉积物的成因类型,如风成沉积、坡积物、崩塌堆积等。对于堆积阶地,要观察沉积物的厚度、岩性、结构、构造和沉积相特征。在野外实习时,应尽可能确定最大洪水位高度和河流沉积物中不同的沉积相,如河床相、河漫滩相、牛轭湖相等,它们是分析河流发育历史的重要依据。

4.阶地的组合关系

判定阶地的级数,观察各级阶地之间接触和叠覆关系,确定各级阶地发育的部位、发育程度等。注意阶地面的起伏情况,有无天然堤、古河道、牛轭湖、曲流等残留地貌形态。

5.阶地与其他地貌类型的关系

观察阶地与谷坡的关系,过渡地带有无坡积物、崩塌堆积或其他堆积。查明阶地与谷坡冲沟之间的关系,每一级阶地都有与之相对应的谷坡冲沟。河流从山区进入另一地貌,如进入平原地区或湖泊时,交界地带河流阶地与另一地貌类型区的地貌发育关系密切,要追溯河流阶地与其他地貌类型的过渡关系、对应关系等。

在充分考察研究的基础上,阐明考察区河流发育历史、构造运动、气候变化对河流发育的影响,确定阶地形成的主要原因,重建河流与阶地的发育演变过程。

(三)山麓洪积扇考察

1.洪积扇的形态

测量洪积扇的坡度,从扇顶到扇缘的长度。洪积扇前缘经常有地下水出露或地下水位较高,居民点常选择在这里。有些地区根据地形图上居民点的分布便可确定洪积扇前缘的位置。洪积扇的长度在干旱地区非常长,有时可以达到几十千米。

2.洪积扇的物质组成

洪积扇的组成物质从扇顶向边缘方向逐渐变细。洪积物一般由沙砾层和亚砂土互层组成,向扇顶方向砾石层增多,向扇缘方向亚砂、亚黏土增多。在野外实习时,应观察和描述洪积扇不同部分物质组成、分选、磨圆情况。

3.洪积扇的平面形态和结构

正常洪积扇大多为半圆形的扇体,但构造运动会对洪积扇的发育产生影响,使其平面形态和结构发生变形或破坏。因此要调查收集相关资料,从而确定调查区构造运动特征。

4.洪积扇与其他地貌类型的组合

在平原地区,洪积扇前缘过渡为河流沉积,在地貌形态上没有明显的转折。当洪积扇发育在湖泊边缘时,洪积扇与湖水接触,前缘的洪积物被改造成为湖相沉积。由于洪积物堆积速度快,湖水的改造作用有限,于是形成分选、磨圆都较差的湖滨相沉积,向湖心方向逐渐相变为典型的湖相沉积。

5.洪积扇前缘的自然条件

洪积扇是典型的干旱、半干旱地貌类型,而洪积扇前缘常常是地下水位较高的地方,野外实习时应注意对洪积扇前缘自然条件的调查,确定地下水位高度,为当地经济发展提供有价值的资料。例如,甘肃敦煌是干旱区中的绿洲,实际上它位于洪积扇的前缘地带。

(四)平原区河流考察

1.河流形态

判别河床平面形态(曲流、岔流、辫流或地上河);考察河道是否为自由曲流,有无突然的转折;考察河谷的对称性,心滩发育程度,河漫滩的高度和宽度,河漫滩侵蚀和堆积状况;查明牛轭湖的形态、规模、分布、物质组成等特征。

2.河流纵比降

考察河流纵剖面上有无裂点存在,以及裂点形成的原因。

3.支流特征

考察干流两侧支流密度是否相同,以及支流汇入干流的方向。

4.天然堤

考察河床两侧是否发育天然堤,以及天然堤的高度、宽度、物质组成。

5.古河床

考察河流改道后废弃的古河床形态、深度和宽度,后期改造情况,以及有无沙丘发育。

6.河间地

考察河间地带地形起伏特点,积水洼地和沼泽发育情况,洼地排水状况,有无盐碱化现象。

7.决口扇

考察决口扇的规模、位置、发育密度,决口扇形成的时间,以及其上有无沙丘发育。

(五)水系形式考察

水系的排列形式多样,它们与一定的地质构造条件和地貌条件有密切关系。河流的形成演变一方面受流水自身运动规律控制,另一方面受地质构造控制,两者相互影响,共同塑造河流地貌。河谷常是地质构造上的薄弱地带,它可以是软弱岩层或岩石的分布带,也可以是断裂的发育带。由于这些地带抗流水侵蚀能力较弱,易快速发育成河谷。因此,河谷时而顺直,时而转折,其中蕴藏有地质构造的形迹。大区域内河流展布格局受该地区地势特征控制,而地势特征受控于大地构造。换言之,大地构造是控制河流展布格局、水系形式的根本原因。

1.水系形式

野外考察是点到点的观察,难以把握整个水系的形状。因此,调查首先可以从地形图或遥感影像上,对调查区发育的整个水系形状进行了解,在宏观上确定水系形状,然后综合分析,在野外找出其原因。例如,如果水系呈格子状,在野外调查时就要注意基岩节理的方向和断层等;放射状水系则要调查放射中心是否为隆起地区或火山锥等。

2.河流各段形态

一条河流尤其是大河的不同河段,其河谷形态往往不同,常表现为峡谷段与开阔段相间。野外实习时,应注意调查峡谷段的岩性、阶地发育特征,调查开阔盆地与两侧山地的构造关系。峡谷段一般是由于岩性坚硬或构造抬升引起,开阔段则是构造下沉的结果。如果水系突然呈直角转折,则可能与断裂构造有关,水系转折的地点即为断裂经过的位置,然后进一步寻找断层存在的证据。

3.支流与主流的关系

通常情况下,支流与主流以及各级支流都呈锐角相交,主流与支流的流向总体一致,而且支流汇入主流选择的是最短路径。如果出现相悖的情况,则说明存在新构造运动的影响。

4.河流袭夺

相邻两个水系的河流,由于一条河流下切侵蚀快或位置较低,导致分水岭一坡的河流夺取另一坡河流的上游段,这种水系演变现象称为河流袭夺。河流袭夺的原因有两种:一种原因是因为分水岭两坡河流的侵蚀基准面高度不等而使基准面低的河流溯源侵蚀快,河流发生袭夺;另一种原因是某一流域范围内发生局部新构造隆起,河流不能保持原来流路,于是河流上游段被迫改道,流到另外河流中去。相邻水系侵蚀差异造成分水岭迁移是主动的河流袭夺,新构造运动造成河流改道是被动的河流袭夺。河流袭夺后,原有的水系形状会产生变化,相应产生一些新的、特殊的地貌现象。如果发现开阔的河谷和纤细的水流现象,应向上游追溯是否存在风口、袭夺湾等地形。野外考察如果发现这些地貌类型,则可以确定曾发生过河流袭夺。

四、喀斯特地貌考察

(一)岩性和构造

主要考察可溶岩的岩性,确定可溶岩的类型、成分、结构和构造等特征;测量可溶岩的节理,了解节理的疏密、大小、分布、延伸方向及其类型;查明可溶岩层与不可溶岩层的接触关系,以及可溶岩的厚度、产状和构造形态。

(二)地下水循环

测量地下水位的季节性变动,了解地下水水平流动带的流动方向;观察地下水出口的类型(如水井、泉眼、河水等)、位置、高程、水量、数目及其分布特征;测量地下河的流量、流速、流向、补给源和流动途径,确定地下河的出口。

(三)喀斯特地貌形态

喀斯特地貌考察可采用填图的方法,详细描述和测量各种喀斯特地貌的形态特征,如喀斯特石芽、石林和石山的形态、高度、分布,喀斯特漏斗的规模、密度、发育位置,落水洞的位置,以及溶蚀洼地的形态等,并将其标示在地形图上,作为基本资料。

(四)溶洞与溶洞堆积考察

溶洞考察必须配备专业探洞、测洞装备,如罗盘、经纬仪、测距仪、电筒、绳索、皮尺、测绳、照相机等。洞穴调查严禁一人单独进行,必须以小组为单位集体进行。首先测量洞穴形态,方法是在洞穴当中用测绳拉一条基线,当洞穴的方位发生变化时,需要重新拉一条基线,记录各段的长度,用罗盘测定各段的方位,然后用皮尺测量溶洞各段侧壁到基线的距离,计算溶洞宽度,测量各段洞顶到基线距离即洞高,如果洞顶过高,可用目测。最后根据记录的测量结果,绘制洞穴平面图和纵、剖面图。

在测量洞穴形态的同时,观察记录洞穴中石笋、石钟乳、石幔等各种堆积地貌形态及其分布,注意洞壁有无古人类的绘画、文字等文明遗迹。洞穴堆积物经常埋藏有古脊椎动物化石和古人类化石、旧石器等,且多被钙质胶结,质地较硬。洞穴堆积物研究一般需要开挖沉积层剖面,对其岩性、结构、化石等进行描述分析,测定沉积物的形成年龄,推断洞穴的发育过程。

五、黄土地貌考察

(一)黄土地层与地貌形态

黄土是一种灰黄色或棕黄色的特殊的土状堆积物。黄土形成于第四纪更新世时期,是典型的风成沉积物。我国的黄土,其土层由下而上划分为早更新世午城黄土、中更新世离石黄土和晚更新世马兰黄土等三个形成时期,是由于亚洲内陆干旱荒漠、半荒漠区强大的反气旋风从中部吹向外围,不断把大量的黄土物质吹送到草原地带堆积下来而形成厚层黄土。我国的黄土分布区向西北方向依次逐渐过渡到沙漠、戈壁地区,并呈带状排列的特点,表明黄土是由西北风带来的。黄土的矿物成分具有高度的一致性,与所在地方下伏基岩成分无关;黄土颗粒自西北向东南由粗变细,厚度逐渐变薄;黄土披覆在多种成因、形态不一的各种地貌之上,并具有相似的厚度;黄土层中含有陆生草原动、植物化石,并埋藏着多层古土壤层。这些特征充分证明了我国黄土是风成的。

黄土质地均一,以粉砂为主;结构疏松,多孔隙;无沉积层理,垂直节理发育,直立性较强;富含碳酸钙。黄土的这些特性对黄土地貌的发育有着重要影响,千沟万壑、丘岗起伏、峁梁逶迤是黄土地貌的突出特征。沟谷和沟间地是黄土高原的主要地貌形态,前者如细沟、切沟、冲沟、坳沟,主要由现代流水侵蚀作用形成;后者如塬、梁、峁,主要受古地形和黄土堆积作用控制。

(二)野外考察内容

(1)观察古地形,确定黄土地貌类型。首先,选定出露良好的黄土剖面进行观察、分层和描述,确定黄土层厚度与形成时代。其次,通过冲沟、河流切出的剖面了解黄土下伏地层的岩性、产状与出露状态,确定古地形的基本特征。最后,确定工作地区的地貌类型及其组合。

(2)观察黄土沟谷地貌。观察黄土细沟、切沟、冲沟和坳沟等出现的地貌部位、坡度与坡向,沟的长度、深度、排列组合以及沟的纵、横剖面形态等,计算研究区的沟谷密度,在此基础上对黄土侵蚀做出评估。

(3)观察黄土阶地。测量阶地上黄土堆积厚度、河流沉积的厚度以及基岩高度等,确定阶地的类型,并与沟谷发育过程、年代进行对比。

(4)黄土区水土保持考察。考察工作地区气候、水文、植被等自然环境特征,如降水量、蒸发量、侵蚀模数等,以及防治水土流失的各项措施。

六、冰川与冻土地貌考察

(一)冰川地貌

冰川地貌是由冰川的侵蚀和堆积作用而形成的。最常见的山岳冰川地貌考察包括以下三个方面内容。

1.现代冰川

考察现代冰川的目的是了解冰川的规模、补给和运动等特征。冰川的规模可由冰川的长度、宽度、厚度及面积来判断。冰川的长度指从冰川末端至粒雪盆后缘的距离。此外,还要测量冰川的前缘、后缘高程及其表面坡度。冰川补给状况,受分布于雪线以下的粒雪盆的形态、方位和规模,以及冰斗数目、冰雪覆盖程度等因素控制。冰川的运动状态,可通过测量冰川的运动速度,观察冰川表面的各种裂隙、沟槽、冰柱、冰蘑菇及各种冰碛物的岩性、形态特征等来了解。

2.冰蚀地貌

冰蚀地貌主要包括冰斗、刃脊、角峰、冰川谷("U"形谷)、羊背石等。冰斗形成于雪线附近的积雪凹地,往往成群地分布于同一高程上。冰斗的形态容易辨认,其三面为峭壁所围,外形呈围椅状,朝向坡下的出口处存在岩坎,底部常有巨砾分布。测量冰斗出口处的高程,可确定雪线的位置。当冰川消退后,冰斗底部常会积水形成冰斗湖。辨认刃脊或角峰不能单凭是否是狭窄的山脊或塔状的山峰形态来确定,关键是这些地貌形态只有与冰斗共生才是真正的刃脊或角峰。

对冰川谷观察,主要测量其纵、横剖面形态,以及其高程、方位等。要注意冰川谷壁上冰川作用痕迹、擦痕和刻槽等,确定它们的深度、宽度及方向。分析冰川谷纵剖面上坡坎的分布与成因,是否与岩性、构造、支冰川汇入等因素有关。如果冰川谷底部有羊背石发育,要测量其形态、坡度及长轴方向等,还应分析羊背石的岩性、构造与表面擦痕等特征。

3.冰碛地貌

典型的冰碛地貌形态包括终碛垄、侧碛垄、冰碛丘陵等。终碛垄是分布在冰川冰舌前端由冰碛物堆积而成的弧形垄岗状地貌。终碛垄可以成组出现,分别代表不同的冰期或不同的冰川活动范围。侧碛垄上游源头始于雪线附近,下游末端与终碛垄相连。在冰川消退后,冰川中的表碛、中碛、内碛等都沉落在底碛上,形成波状起伏的冰碛丘陵。冰碛地貌考察,主要是观测这些冰碛地貌形态的高度、宽度、长度、表面形态、岩性成分、结构、堆积年代等,重塑冰川进退演变过程。

(二)冻土地貌

冻土地貌指多年冻土分布区表层发生周期性融冻作用所形成的地貌形态。常见的冻土地貌类型包括石海、石河、多边形土和石环等。对于石海和石河,主要观察其出现的高度、岩性、粒径及其分布特征,采样测定其年代;对于多边形土和石环,要观察其大小、形态、结构等特征,判断其发育状况。

第八节　地质标本的采集与整理

地质标本与记录地质现象的文字、图件一样，也是野外实习中不可缺少的重要地质资料。采集的各类标本，既可以在室内做进一步的分析研究，也可以选择其中典型、优良的标本保留于实验室供实验和陈列之用，从而补充和丰富实验室或陈列室标本，节省购置标本经费的开支。根据用途可将地质标本划分为地层标本、岩石标本、化石标本、矿石标本及专用标本（如薄片鉴定、同位素年龄测定、光谱分析、化学分析和构造定向标本等）。

一、地层标本和岩石标本采集

地层标本和岩石标本一般应在采石场、矿坑、公路开采壁等人工露头或良好的自然露头上采集，并进行加工。采集时需要注意以下几点。

（1）采集的标本应该是新鲜的而非风化的。

（2）标本的大小、形状有一定要求。采集的标本应该是长方体，规格是 3 cm×6 cm×9 cm。有陈列价值的典型标本可视实际需要按需采集。

（3）所采集的标本应该能用来说明岩石的性质、结构、构造等特征。

（4）火成岩标本采集时，还应注意要从岩体的边缘和中心部分分别采集，以便于对比其结构和构造；火成岩与围岩的接触带，要特别注意接触变质岩标本的采集；采集的喷出岩标本应能反映其构造特点；标本应尽可能反映火成岩中的包体特征。

二、化石标本采集

化石标本非常珍贵，采集难度也比采集其他类型标本大。因此，在野外采集化石标本时，既要有耐心，更需要细心。

（1）化石的采集一定要沿着层理逐层进行，不能将不同岩层中采集的化石顺序混淆。

（2）不同岩层中采集的化石均需独立包装与编号。

（3）不能因为重量关系而随意放弃大块有价值的标本。对于标本中相似的部分，不要轻易丢弃，待室内进行仔细鉴定之后再做处理。

（4）动植物的残骸在地层中越少见，找到的每个化石就越珍贵。在"哑地层"（生物化石频发的地层）中寻找化石尤其需要耐心，需要更加仔细。

三、其他类型标本采集

矿石标本的采集，除按岩石标本采集的有关要求进行之外，特别要求能反映矿石的特征，需要具有典型性。进行薄片鉴定、化学分析、光谱分析时，对标本形状没有特别要求，只要求新鲜，有适当数量即可。

四、标本的编录和整理

标本采集后，应当立即编号登记。在野外应编写清楚，及时地做出初步鉴定和整理。倘若在一个露头中采取几块标本，要按上下层序详细编号。采用黑色笔或油漆在所采标本上书写出标本编号，并填好标本签（见表 1－17）。然后将已编号的标本用软纸、棉花等物妥善包裹，与标签一并装箱。最后还要填写好标本登记簿(见表 1-18),一并带回室内,以便日后考察、分析时使用。

表 1-17　××学院地质标本签

标本编号		标本名称	
采集地点		采集时间	
采集层位		采集单位	
简要描述		采集人	

表 1-18　野外实习地质标本采集登记簿

标本编号	采集时间	采集地点	采集层位	标本名称	备注

第九节　地景摄影素描和信手地质剖面图的绘制

一、地景摄影

在地学科学研究中,摄影是一种常用的记录手段。根据科学研究的需要,为地质地貌景观记录有价值的图像资料,称为地景摄影。

(一)地景摄影的特点

目前数码相机使用越来越普及,人们使用的各种手机一般都带有摄录功能,几乎每个人都掌握了一定的摄影知识,这也为在野外进行地景摄影提供了前提条件。需要注意的是,地景摄影与一般的人物摄影或风光摄影略有不同。它是从特殊的表现层面反映被摄物体的某种地学特征,强调的是被摄物体的代表性(要说明某种地学现象)、真实性(保持原始的客观面貌)和完整性(交代清楚它的地学背景)。

地景摄影的对象可大可小,摄影距离也可远可近。小的可以是一块砾石、一个错动,面积几平方厘米;大的可以是整座山脉、整个区域,面积为几十平方千米。近景表现细腻,质感强,具有一定的穿透力;远景表现深远,包容力强,可以展示辽阔的整体环境,交代各种地学关系。

地景摄影与野外记录、实验数据一样,也是地球科学研究中重要的第一手资料,但是它与文字、图件、标本的表现力不同,应该充分展现它的独特优势。必须认识到,无论地景摄影的最后表现形式是照片还是光盘,都是一种图像作品,光学影像是它的基本特征,色彩、线条、视角、画面是它的元素,只有地学现象才是它的主题内容。

(二)地景摄影的优点

1.鲜活地记录学科内容

地景摄影的最大优点是记录方便、内容鲜活真实、形象具体、景色逼真,但是它也有自身难以克服的弊端。例如,取景框内良莠不分,主次不分,无法删繁就简,无法剔除杂物按需选择。野外的地景摄影还会受到天气的影响,尤其是光线条件、摄影角度的限制明显,经常无法取得十分理想的画面。但是即便如此,地景摄影还是作为一种重要的记录手段,为野外工作者所青睐。

2.成为其他研究资料的佐证

摄影资料可以作为佐证,与文字资料、地形图、地质图、遥感图像等有机结合,从而更加客观全面地说明地质地貌现象。

3.节约野外作业时间

野外考察过程中,在每个观察点的时间有限,需要观察、记录描述和测量等,工作任务繁重,而地景摄影耗时少,能很快地将观察点的实际情况以图像的形式记录下来并可进行回放,因此可以节约野外工作时间,提高工作效率。

(三)拍摄主要事项

1.尽量选择最佳的拍摄时间与角度

野外拍摄时,地景实物无法随意调整位置,要拍摄出理想的画面,关键是光线和角度的合理运用。最佳的拍摄时间是日出之后或日落之前。从侧后方斜射过来的光线最理想,适当的逆光更容易产生强烈的立体感。日出之前或日落之后,即使光线很亮时,天空的散射光线也十分强烈,此时拍摄的画面容易产生偏色。降水过后或日出之前,大地水汽蒸腾强烈,散射光增多,摄影容易发虚,画面偏蓝。拍摄远景时,这种情况更为明显。中午时分,阳光直射,不容易产生丰富的层次,不是理想的拍摄时间。

拍摄时也要注意角度的选择,高角度拍摄容易产生变形。仰拍容易夸大或加强垂直高度,俯拍容易缩小或压抑高差,从而使画面失真。

2.取景与构图

地景摄影的取景与构图与艺术摄影不同,首先应考虑专业表现的需要,然后才是艺术美观的处理。地景摄影往往需要多角度的表现,特写、全景各有所需。由于野外实习路线通常不会重复,有的地景无法再现,特别是难以补拍的地学景观,尤其需要从不同侧面拍摄一组或数组图像资料,以留下完整的记录。

再者,地景内容丰富,近景表现和远景表现无法相互替代,所以良好的、重要的地景应该多拍,然后从中选择满足不同需要的图像。例如,拍摄断层时,首先要拍摄特写,放大断层带的岩性特征,表现断层面的磨光面、擦痕和阶步等细节。要仔细把握光线和角度,对准焦距,突出被摄物体的层次和立体感。如果没有把握,可以从不同角度多拍几张,以备事后有挑选余地。然后拍摄近景,突出断层两盘节理发育状况、地层错动、变形特点等。最后拍摄远景,重点反映断层的走向、地貌组合、地质背景等。

3.摄入必要的参照物

近距拍摄常不宜反映出被摄物体的规模、尺寸,在这种情况下应该摄入必要的比例尺参照物,如人物和地质锤、地质罗盘、镜头盖、放大镜、记录本、笔、硬币等手边常用物品。

4.记录镜头拍摄的方向

为了反映出被摄物体产状,以便以后能依据影像恢复其真实空间状态,在拍摄照片后,应该用地质罗盘测量镜头的拍摄方向或画面的延伸方向,并及时记录以免遗忘。

二、地景素描

地景素描是根据科学研究的需要,运用透视原理和绘画技巧表达地质地貌现象或地质作用的图件。野外勾绘的地景素描,通常是在调查观察过程中进行的,往往要求在较短的时间内完成,一般就在野外记录簿上用铅笔绘制,不可能精工细作,故又称地景素描草图。

(一)地景素描的特点

地景素描类似于地景摄影,但又不像摄影那样是一种纯直观的反映。与地景摄影相比,地景素描除了几乎不受天气的影响、镜头取景范围、近景与远景的限制等优点之外,更重要的是还可以通过绘画者的取舍,更加突出地学景观的重点。在绘制素描时,绘画者可以把一些无关专业的干扰景物(如附属物、近旁的草木)剔除,而突出所要表达的地学景观。而且地景素描不受设备条件的限制,可以随时随地进行。它不仅可与文字记录和其他图件互为补充,而且更具解析力,更能反映出绘画者要表达的地景内涵。然而,地景素描也有其不足之处。例如:对绘画者的绘画技能有很高要求,素描过程耗时较长,等等。

(二)地景素描的基本步骤

(1)选定素描对象的范围,确定景物在画框内的位置。

(2)安排主要对象和次要的大小比例及其相对位置关系,并在图框内勾画出其范围。

(3)勾画景物(或地质体)的轮廓线,主要是抓住外形轮廓,如山脊、陡崖、河床、阶地、层面、断层之类。勾画时先近后远,近处画得细致、清晰、浓重,远处画得粗略、轻淡、隐约,尽量符合透视原理来运笔。

(4)在轮廓线勾画就绪的基础上,加阴影线。这一步骤主要是掌握景物形象的立体感,使其逼真如实。

(5)适当画些背景或衬托物,用以美化画面。

(6)为了清楚地表达画面的内容,可在景物(或地质体)附近标上必要的文字,如村庄、地层年代符号或其他符号等。

(7)最后写上图名、地名、方位、测量数据、比例尺及其他必要的说明。

(三)地景素描的种类

地景素描的内容颇多,几乎所有的地学现象和地质作用都可作为素描对象。按其基本内容,最常见的素描有下列几种类型。

1.地层素描

地层素描用以表现地层层位关系、地层的岩性特征、含矿性、地层的接触关系等。

2.构造地质素描

构造地质素描的主要对象是褶皱、断层、节理及其他构造地质现象。素描时除抓住其外形特征以外,更要注意其产状要素的准确性,这样才能较好地表现直观效果。

3.地貌素描

地貌素描是一类视野颇大的素描图,从地学角度考虑,主要是表现地貌特征与岩石性质、地质构造的关系;或表达风化、流水侵蚀、冰川、火山、地震、气候等地质作用与地貌的关系。

三、信手地质剖面图绘制

(一)信手地质剖面图简介

信手地质剖面图又称路线地质剖面图,它是一种表达地层、地质构造、火成岩和其他地质现象,以及地形起伏、地物名称和其他有关内容的综合性图件。

信手地质剖面图与地质剖面图的相同之处在于,都是表示横穿构造线方向上的地质构造情况;两者不同之处在于,信手地质剖面图是在野外观察过程中绘制的,而不是根据地质图绘制的。信手地质剖面图中的地形起伏轮廓是目测的,但是需要基本反映实际情况;各种地质体之间的距离也是目测的,但应该基本正确;各种地质体的产状则是在路线观察过程中实测的,绘图时应力求准确。

信手地质剖面图上应包括以下内容:图名,剖面方向,比例尺(一般水平比例尺与垂直比例尺一致),地形轮廓,地层的层序、位置、代号、产状、岩体符号,岩体出露位置、岩性、代号,断层位置、性质、产状,地物名称,等等。

在实习过程中,如果观察路线横穿构造线走向,应该绘制信手地质剖面图,用来综合反映整条观察路线上的地质情况。

(二)信手地质剖面图绘制方法

1.测定剖面方向

信手地质剖面图的剖面方向一般都是垂直于构造线方向。如果因观察路线通行困难不能沿同一方向进行观察时,可以沿地层走向平移,若平移距离较大,可以地质罗盘测量出平移的方向,并在图上标出向何方平移以及平移距离。总之,只要观察路线基本上是横穿构造线,如仅局部有所变化,作图时可以不改变方向。

2.选取比例尺

首先估计路线总长度,然后选择作图的比例尺,使剖面图的长度尽量控制在记录簿的页面长度以内。如果路线较长,地质内容复杂,比例尺可适当放大,剖面长度可以绘制长一些。

3.勾绘地形轮廓

根据目测的水平距离、地形高差及山坡坡度,按比例尺的要求勾绘出地形轮廓线,要力求水平距离与相对高差的关系反映准确,使图上的地形起伏情况与实际情况尽可能相符。对于初次绘图者而言,容易把山坡画得过高、过陡。山坡坡度一般来说大多不超过30°,因为更陡的山坡人是难以顺利攀越的。

4.填图

按实测的层面和断层面产状,在地形轮廓线的相应位置上,准确画出各地层的分界线及断层位置、倾向和倾角,以及岩浆岩体的位置和形态等,并用虚线连接相应层位以反映褶皱存在及其横剖面形态特征。

5.标注

按照通用的花纹和符号,标注地层及岩体的岩性和代号,并标绘出断层两盘的相对运动方向,以及化石、标本和样品的采集位置等。

6.整饰

进一步整饰已完成的草图,线条要细致、均匀、美观,字体工整,并写上图名、比例尺、剖面展布方向、地物名称、图例及其说明等,各项注记布局应合理。

第十节　野外实习记录

进行野外实习考察,必须做好记录。野外记录是野外考察过程中收集的第一手原始资料,是进行综合分析和进一步研究的基础,也是野外考察的成果之一。

一、野外实习考察记录要求

1.详细

要把实习过程中教师讲解的内容,小组讨论、研究的结果,特别是自己观察到的各种地质地貌现象以及个人的分析、判断和预测等,都详细而全面地记录下来。为此,在野外实习过程中必须认真听教师讲解、分析,多追索并仔细观察,要善于将观察到的各种地质地貌现象与所学理论知识相联系,进行独立思考,在现场与小组其他成员充分讨论,并进行详细记录。

2.客观

客观地记录实际情况,即记录自己观察到的内容,客观反映真实情况,不能凭主观随意夸大、缩小或歪曲事实,也不能不假思索地机械抄录。允许在记录上反映出个人对客观现象的分析和判断,但是应该区分出哪些是观察到的内容,哪些是分析、判断的内容,不能混淆。分析、判断有助于提高观察的预见性,促进对问题认识的深化。

3.清晰

记录、图件、素描和照片应该清晰、美观,文字表达通顺,使人一目了然,能读懂、看懂,不至于产生误解。

4.准确

不仅对于教师的讲解和分析要准确记录,而且要用准确的专业术语描述所观察到的地质地貌现象,以及自己和小组讨论、分析的结论。

5.图文并茂

野外记录应该图文并茂,相互配合。图(素描图、剖面图、平面图、照片)是表达地质地貌现象的重要手段,许多现象仅用文字难以说清楚,必须辅以插图。尤其是一些重要的地质现象,要尽可能绘图或拍照。

二、野外实习考察记录内容

为了能通过野外记录,恢复各观察点内容、发现实习路线的纵向变化,以及通过各条路线的对比,分析区域地质地貌的时空演化规律,要求在记录时内容要全面、系统,采用"以线串点,以线带面"以及观察点与观察线相结合的观察记录方法。观察点是具有关联性、代表性、特征性的地点,如地层的变化处、构造接触线上、岩体和矿化的出现位置以及其他重要地质地貌现象所在之处。观察路线是连接观察点之间的连续路线,即点与点之间的沿途观察,它将观察点无遗漏地联系在一起,反映出点与点之间的变化。观察点、观察线的具体记录内容包括以下几点。

(1)日期和天气:开展野外观察、记录的具体时间和当时的天气情况。

(2)路线:说明观察路线的起止点、途经点,要具体、清楚。

(3)任务:说明在本条观察路线上考察的主要任务和目的。

（4）人员（分工）：小组各个成员的具体分工。

（5）点号（观察点编号）：可按 No.01、No.02、No.03 等依次进行编号；也可按实习区域所在图幅名称的第一个汉字的拼音的首字母开头，进行依次编号，如 1∶50000 山阳图幅中的观察点依次可按 S01、S02、S03 等的顺序进行编号。

（6）点位（观察点位置）：对观察点所在位置要尽可能交代详细，例如：在什么山、什么村庄的什么方向，距离多少米，是在公路旁还是山间小道边，是在山坡上还是在沟谷中，是在河谷凸岸还是在凹岸，等等。还要记录观察点的高程，可用 GPS 测量或根据地形图判读出来。如果实习配有地形图，则需要将点位在地形图上标示出来。

（7）露头（露头情况）：需要描述观察点露头性质，要区分露头是人工的开挖面（如采石场、公路开采壁等），还是天然的风化面。此外，还需要对现场出露的情况进行介绍，是优良清晰、一般还是较差等。

（8）描述（观察内容）：详细记录观察到的现象，这是观察记录的核心部分。观察的重点不同，相应地有不同的记录内容。

如果是观察点，则要描述观察点的具体情况；如果观察点为界线点，则需要对两侧不同地质体分别进行描述，并注明各个地质体在观察点的什么方位上；如果是观察路线，则描述路线上观察到的情况。记录内容包括：地层时代，岩石名称、岩性特征，有无化石、化石丰富程度、保存状况、化石名称等，岩层的垂向变化，产状情况，相邻地层之间的接触关系（列出观察到的判断证据），第四系发育情况，地貌类型，河谷纵、横剖面特征，阶地及其性质等。如果采集了标本、样品或进行了素描、照相，应进行编号并加以相应说明。

（9）补充记录：上述内容未包括的现象。

（10）路线小结：简明扼要地说明当天实习的主要成果，个人及小组的分析、讨论结论，尚有哪些疑点或应在以后实习中的注意之处。每天回到驻地，应把当日记录的野外资料和采集的标本等，分门别类地进行系统整理，确认当日的收获，找出不足，以利于来日弥补、改进。同时，为编写实习报告准备素材。

三、野外实习考察记录的格式

在野外进行记录时，记录本对开两面各有用途，左面可留作画图纸用，右面专供记录对应的文字内容，二者相互照应。右面记录页的左侧应留有 1.5 cm 左右宽度的空白，以便记录标题、数据等醒目标记。各项记录之间应留有空行，一是可以保持要点醒目、清晰，方便日后查找；二是为了留有余地，方便日后补充、完善。记录簿的左右两页，应该左图右文，相互对应。这种记录方式，也是一种工作习惯的培养。良好习惯的养成不仅可以节省时间，提高效率，更使记录的内容翔实、图文并茂。

进行野外记录时，一般使用 2H 铅笔，以便于野外记录资料能够长期保留和用来交流。观察点及观察点之间的路线记录必须规范、全面，由于是专业实习记录，所以记录的格式要符合要求，必须使用准确的"语言"和统一的"符号"，做到条理清晰、描述准确、表达规范、内容全面等。

记录中所做的图（素描图、剖面图、平面示意图等）应包含图名、方位指示、比例尺、图例及图例说明等要素，所拍摄的地质地貌现象照片应包含拍摄时的天气情况、拍摄时间、镜头方向、照片编号、照片说明等要素（见图 1-19）。

	天气：
照片	时间：　　　年　　　月　　　日
	镜头方向：
	照片：(编号)
	说明：

图 1-19　拍摄的地质地貌现象照片记录格式

第二章
东秦岭地区(商洛市)概况

秦岭位于中国版图的几何中心。它西部延续莽莽昆仑山脉的东支西倾山,和青藏高原毗邻;东部接入大别山,与淮海平原相融;南部与岷山、大巴山一起构成了四川盆地的北部屏障,并一路向东南延伸至广阔富饶的长江中下游平原。作为中国版图的中央地带,秦岭的触角伸向中华大地的四面八方。

广义的秦岭(大秦岭)所处地域地势崎岖、面积广大,有众多大江大河和山间断陷盆地,它们深切并分割了庞大的山系,将大秦岭东西向划分为三大部分,即通常所说的西秦岭、中秦岭和东秦岭。嘉陵江干流以西为西秦岭,而蟒岭、伏牛山、熊耳山等平行谷岭称为东秦岭。

位于陕西东南部的商洛市是东秦岭的主要组成部分,蟒岭、流岭、鹘岭和新开岭等呈手指状向东南展开;南洛河、丹江及其支流银花河分布其间,形成山河相间的岭谷地形。

第一节　自然地理概况

一、掌状岭谷地貌

商洛市的地貌从总体特征上看,是一个结构复杂的以中山、低山为主体的山区。岭谷相间排列,地势西北高、东南低。全市最高点位于柞水县营盘镇北秦岭主脊牛背梁,海拔 2802.1 m;最低点位于商南县梳洗楼附近的丹江谷地,海拔 215.4 m。地势起伏相差悬殊,相对高差最大者达 2540 m,充分展示出山大沟深这一特点。按习惯分类,在全市土地面积中,深山区约 5900 km²,约占总面积的 30.51%;浅山区约 11500 km²,约占总面积的 59.7%;坡塬区约 1300 km²,约占总面积的 6.6%;川道区约 1000 km²,约占总面积的 3.19%。可见,商洛市山地占优势,是一个"八山一水一分田"的山区。商洛市地势结构形似手掌,掌结于柞水西北部,有呈手指状向东北、东和东南方向延伸的山地,由北而南有秦岭主脊、蟒岭、流岭、鹘岭和郧西大梁、新开岭等。

掌状岭谷结构的地貌特点,在成因上主要受东西向和西北-东南向的构造断裂所控制。自中生代某期以来,除形成一些局部构造盆地外,地质结构已基本定型,自第三纪、第四纪以来的新构造运动承继了老构造格局,具有间歇性断块分异运动特点,同时长期遭受风化、剥蚀且受洛河、丹江、金钱河、乾佑河、旬河及其大小支流的长期切割,形成了结构复杂、山岭交错纵横的千沟万壑的山地地貌。

(一)河谷坡塬地貌

1.滩地

滩地即低河漫滩,是洪水期河床的组成部分,组成物质以砂、砂砾石、淤沙土为主,二元结构不明显,质地粗松,地势低平,地下水位高。根据滩地空间分布及其形成过程,滩地又可分为高滩、低滩、心滩和边滩。从现代河流地貌来看,滩地是河流冲、淤的产物。洪水期大量的砂石在河床展宽、河流分叉或由于洪水受阻,河流侧向移动水内产生环流、流速减弱时堆积而成滩地。随着洪水发生变化,滩地被淹和被冲现象时有发生。滩地具有不稳定的特点,"十年河东,十年河西",正好反映了地貌过程的规律性。

2.高河漫滩

高河漫滩分布在大河及其主要支流的河湾处,呈弯月状,一岸为陡崖或陡坡,为河水掏蚀的凹岸,一岸为缓坡,即凸岸,是在河流曲流发育过程中形成的。曲流阶地有向河床和下游微倾的特点,地面坡度 $1°\sim3°$。在组成物质上,下部一般为砂卵石层,上部为冲积亚砂土或亚黏土,亚黏土层厚度在商丹谷地约 $1\sim1.5$ m,洛河谷地约 $0.5\sim1$ m,在社川河、乾佑河、旬河分布零散,厚度一般小于 0.5 m。

3.河谷阶地

河谷阶地多分布在大河及其主要支流的平直谷段,呈长条状不连续分布,是在河流堆积和下蚀过程中形成的。其与河漫滩不同之处是洪水很少淹没,在物质组成上多具有二元结构,下部为砂卵石或基岩,上部为亚砂土或亚黏土。大河一般具有四级阶地,相对高出河床 $2\sim5$ m、$5\sim7$ m、$12\sim15$ m 和 $25\sim30$ m。

4.河谷坡地

河谷坡地主要分布在大河及其支流两侧谷坡。由于谷坡坡度变化大,岩性复杂,故谷坡的现代发育过程很不相同。一般在宽谷段,如洛河、丹江的商丹谷段,富水谷地,漫川附近的漫川河谷段,均以冲积坡、撒落坡为主,上冲下淤,坡脚有松散物堆积。在金钱河、乾佑河、旬河、达仁河等地的谷坡坡度常在 $40°$ 以上,属重力坡,崩坠现象普遍,常见倒石堆、冲出锥、砂砾堆分布于坡脚。

(二)低山丘陵地貌(剥蚀地貌)

低山丘陵地貌是河谷坡塬地貌与中山地貌之间的过渡带,海拔 $850\sim1200$ m,相对高度 $100\sim500$ m,坡度一般为 $10°\sim25°$。

1.红色砂页岩低山丘陵

红色砂页岩低山丘陵分布于商丹谷地两侧、南秦河中游、大荆、腰市盆地、洛南县河及景村古城以南、富水盆地、山阳盆地、石门和漫川盆地等地区。由红色砂砾岩、页岩夹有黏土组成的低山丘陵,由于断裂和沟壑切割,山丘形态复杂,有单面山、猪背山、孤丘、丘群等形态。山谷坡多梯式坡,上缓下陡,植被稀少,基岩裸露,暴雨冲刷,沟壑发育,水土流失严重,以面状侵蚀和沟蚀为主。

2.变质岩低山丘陵

变质岩低山丘陵分布于洛河南北两侧,三要、古城、景村与灵口、黄坪之间,武关、清油、商南、富水一线两侧,银花河、丹江谷地北侧东长岗岭等地。其大部分由变质片岩、片麻岩组成,夹有泥质板岩和剥层灰岩,海拔和相对切割均较红色砂页岩低山丘陵大。沟谷多峡谷,底部处于加积装填状态,横剖面一般呈箱形峡谷,是沟壑川台地分布地段。谷坡上缓下陡,缓坡段的坡度约 $15°\sim22°$,在厚薄不一的残坡积物上发育成的石渣土,多分成小块地。在支沟沟脑汇水盆地和槽洼地亦有薄层残坡积物,亦属山坡耕地分布地段。变质岩低山丘陵由于基岩破碎,风化强烈,尤其在断裂破碎带附近,加之坡陡、植被少,水土碎石流失严重,常发生滑崩。

3.花岗岩及基性岩低山丘陵

花岗岩及基性岩低山丘陵主要分布于蟒岭北侧、商南县的北部和商州区的西南部,由不同时代的花岗岩、花岗斑岩、基性火成岩组成,系长期剥蚀-侵蚀形成的低山丘陵地貌。由于岩性和断层的关系,在山顶大致齐整的丘群中,常见孤峰,如古城南的尖山。山体受南北流向的沟道切割,岭谷做南北延展,多凸形坡,缓坡处有风化残积层,以粗砂碎砾为主,黏土少见。谷地较开阔,多呈箱形,谷底淤沙厚。山坡石砂土最不稳定,冲刷、散落普遍,水土流失强度大。谷底加积过程快,平时水源不足,灌溉时渗漏量大,洪水来时砂石滚滚,谷底冲淤强劲,大量粗砂、碎砾冲至沟口,形成地上沟床和砂砾洪积扇。

4.灰岩低山丘陵

灰岩低山丘陵分布在湘河、梳洗楼、东照川、西照川一带,是以灰岩为主夹有各种片岩、碎屑岩所组成的低山丘陵。主、支谷多呈峡谷,山谷坡一般下部陡(坡度往往达 50°~60°)上部宽缓,有厚约 0.5~1.2 m 的红色风化土呈不连续分布,多为山坡耕地。梁坡、凹形槽地的残坡积层亦较厚,支沟的上游段仍保存早期的宽谷,比较开阔,土状堆积物亦较广。

（三）中山地貌（断裂上升中等的剥蚀地貌）

中山地貌类型在本地区占主导地位,高度为 1200~1500 m,切割深度为 500~700 m,一般山谷坡坡度约 10°~35°。

1.变质岩中山

变质岩中山主要分布于洛河流域的保安、麻坪、石坡一带,蟒岭以南的板桥、刘仙坪、峦庄地区、流岭东部及其南北两侧、鹘岭南坡和山阳、镇柞之间的大部分地区。由于地质构造、岩性复杂,多旋回构造变动挤压、褶皱强烈,北西向、东西向断裂发育,山势结构纵横交错。在近期断裂上升为主的条件下,河沟切割强烈。在灰岩、硅质灰岩和大理岩出露的地段,多形成尖峰和峡谷,前者如商州区的五峰山、商南的双尖,后者如洛河北侧、丹江北侧滞流的峡谷;在片岩和断裂带处,谷地展宽,多形成二级或三级台地。山谷坡地多呈阶梯状结构,平处为梁,凹处为槽,汇水盆为洼,平直处为坡,有土状物盖覆的凸形坡为塬,面积较大且平坦的谷坡为坪。

2.灰岩中山

灰岩中山主要分布在巡检、窑口一带,黑龙口的西北部,社川河中游,西照川以北和镇安的西南、东南部等地区,是以灰岩为主夹有页岩、片岩组成的山地。除断裂谷地较开阔,分布有面积稍大的川台地外,大部分为中等切割的峡谷,尤以交汇处的下游段,峡谷深峻,岩壁峭立。愈向支沟的上游,谷地反而愈开阔,山谷坡变缓,土层加厚。

3.花岗岩中山

花岗岩中山主要分布于柞水东部、黑山以北地区。在山顶眺望其状似丘陵,浑圆状山岗,此起彼伏,下至谷底则山势陡峭,崩石、砂堆屡见不鲜,说明基岩节理发育,物理风化强,重力作用显著,风化层深达 3~5 m。

（四）高山地貌（深山和老深山——断裂上升强烈的剥蚀山地）

高山地貌类型以镇安东南部和西部、柞水北部所占面积最大,次为洛南的北麓,商州、山阳间的流岭主脊,山阳的鹘岭主脊和白马塘一带。其海拔大于 1500 m,最高峰牛背梁海拔为 2802.1 m,相对高度为 700~1200 m,坡度一般为 25°~50°,山大沟深、土薄石多是这类地貌的共同点。

1. 花岗岩高山

花岗岩高山分布于该地区北部秦岭主脊,如牛背梁、四方山、秦岭梁、文公岭、草链岭、华山余脉、秦王山、九华山等,镇柞(镇安、柞水)之间的小磨岭、洛南南部的蟒岭也是由花岗岩组成的高山地貌。由于深断裂的复活和近期构造断裂掀升,山势不仅高大而且很陡峭,气势雄伟突兀,巍峨峥嵘。山谷坡坡度多在35°以上,有许多峡谷、断崖的坡度达70°~80°。第四纪地质时期,其曾被古冰川所雕塑,残留有冰斗、槽谷、角峰和较厚冰碛层,在华山东部、蟒岭、秦王山和小磨岭,这类冰川地形保存较好。

2. 变质岩高山

变质岩高山分布在流岭、大小鹎岭、蟒岭南部、黑龙口的西北部及柞水东部的大风沟脑等地。它由硅质灰岩、大理岩、白云岩和各种片岩组成,往往是一侧或两侧有断裂带,断折翘起强烈。形成陡崖峭脊的多系硅质灰岩、大理岩;平缓的梁脊和浅鞍多系片岩,残积层较厚。

3. 灰岩高山

山阳的大天竺山,白马塘珠峰,木王四海坪,镇安东部的羊山、北羊山等高山属于这一类型,是由厚层灰岩组成的断裂抬升高山。其山峰陡峻,断崖峭壁嵯峨,槽谷高悬。由厚层灰岩组成的高山,岩溶地貌发育,如石芽、石槽、溶沟、石柱、石峰、溶洞、溶蚀洼地等。

二、季风性的山地气候

商洛市四季分明,年平均气温1.8~14.1 ℃,极端最高气温31.6~40.8 ℃,极端最低气温−11.8~21.6 ℃,平均气温年较差为23.1~25.5 ℃,冬季较寒冷,夏季较炎热。区内雨量较充沛,降水的季节变化较明显,年平均降水量744~933 mm,降水主要集中在夏季,占全年总降水量的41%~48%,冬季干旱,夏秋多雨。降水分布不均衡,川道少于山区,高山多于浅山,东南部又少于西北部。受地形影响,区域内以东风、东南风为主,年平均风速为1.3~2.7 m/s,定时最大风速达12~24 m/s,瞬时最大风速可达40 m/s。

(一)季风性的气候

商洛市大气环流的季节变化与陕西其他地区相似。冬季,强大的蒙古高压在北方,本市主要在变性的极地大陆气团控制之下,盛行偏北风,天气干冷。夏季,北太平洋副热带高压增强,热带海洋气团推进到这里,盛行东南风,是气温最高、雨量最多的时期。当极锋北进过境时,降水集中;极锋过后、副高控制,容易形成高温伏旱。春季,蒙古高压逐渐衰退,副高逐渐增强,进入冬季风渐弱夏季风渐强的过渡时期,雨水较少,气温上升较快,气候温和。秋季,蒙古高压逐渐增强,副高逐渐退出,进入冬季风渐强夏季风渐弱的过渡时期,由于副高南退缓慢,极锋相对稳定,阴雨较多,气温下降迅速。由此可见,商洛市的环流形势的季节变化是明显的,因而形成了季风性气候的特点。

(二)具有两个气候带

商洛市位于我国中纬度偏南地带,北部边缘有秦岭主脊做屏障,寒潮不易侵入;向东南开口的掌状山川形势,有利于东南湿热气流向境内深入,因而是陕西省气温较高、雨水较多的区域之一。尤其是热量和水分条件较好的南半部,即商南的富水、丹凤的商镇、山阳的伍竹园、柞水的凤凰、石坪和镇安的东河连线以南。这一线以南是亚热带气候的一部分,北部则是暖温带气候的一部分。

（三）垂直差异显著的山地气候

商洛市是秦岭山地东部的主要组成部分，是一个高低悬殊的山区，因而出现了气候垂直差异明显的山地气候特点。

三、河流密布的水文系统

商洛市地表结构的一个明显特点是"河流密布，沟壑交织"。在商洛市区域内分布着大小河流及山沟共 72500 余条，其中流域长度在 10 km 以上的约 240 条，集水面积在 100 km² 以上的较大河流，也有 64 条之多。这些大小河流及其支流构成羽毛状、树枝状水系格形，河网密度平均每平方公里达 1.3 km 以上，为商洛市提供了非常丰富的水利资源。

从全市水系分布大势看，基本上是由洛河、丹江、金钱河、旬河及乾佑河五大水系所组成，它们很像手的五个指头，从秦岭主脊开始，分别向东、东南和南等方向穿流市域全境后注入其他河流。这五大水系基本上以蟒岭为界，分属黄河及长江两大流域。属黄河流域的只有洛河，流域面积 3073 km²，占全市水域总面积的 15.08％。属长江水系的有丹江、金钱河、旬河及乾佑河等四条，流域总面积达 15194 km²，占全市水域总面积的 79.1％。此外，东南的照川一带属汉江支流的天河源头部分地段，所占面积很小。从水系的分布来看，商洛市基本属于长江流域。

商洛市五大水系结构和河谷形态的主要特点如下。

第一，五大水系的结构的不对称性极为明显，其中以洛河、丹江及金钱河最为典型，它们大都是左岸（北岸）支流源远流长，水量丰富，而右岸（南岸）支流则往往是河短水小，这种不对称结构对于干流径流的来临时间与径流形式，特别是洪水都起着良好的缓和作用。同时，支流的这种分布使得干流河槽多有偏向右岸的趋势。这种水系结构的特点主要是由区内地质构造上断块掀升作用以及反映在山地地貌上北陡南缓的特点所决定的。

第二，市内主要河流基本上都属于山地河源段或上游段，表现在纵剖面上比降大、水流急，一般上游比降约为 1/25～1/10，下游河段的比降为 1/120～1/80。这种坡陡流急的特点是开发水力资源的良好条件。

第三，由于区内地质构造和岩性的影响，主要河流在平面形态上表现出宽谷与峡谷交替出现的特点。宽谷段内阶地完整，土层较厚，河川比降较小，沉积作用显著，河水左右摆动侧蚀，形成广阔的河漫滩地。峡谷段内一般以石质河槽为主，河谷狭窄，谷坡陡峻，比降较大，水流湍急，便于筑坝蓄水。

第四，河流多弯曲河段，不仅区内五大河流具有这种特点，即使一些较大的支流也有明显的类似情况，如清油河、武关河、兰草河、石门河等。平均弯曲系数大多在 1.5 左右。这种现象主要是由于区内河流在地质史上曾经有一个曲流极为发育的阶段，后来由于整个秦岭地区新构造运动的上升影响，河流迅速下切，曲流形态得以保存。今天还可见到一些"离堆山"及"废弃河槽"的遗迹，如洛河在县河口以下不到 60 km 的距离就出现四处之多（峰陵山、天平山、黄坪、庙湾）。

四、类型多样的土壤

在各种成土因素综合作用下，商洛市的土壤类型多样，为农业生产提供了丰富的土壤资源。在参考两次普查成果基础上，考虑成土的生物气候条件，特别是人为因素在土壤形成过程中的主导作用，以及土壤性质的差异和农业生产的特点等因素，陕西师范大学地理志编撰小组将商洛市的土壤分为 8 个土类、19 个亚类和 70 个土种。土类有山地灰棕壤(山地灰泡土)、山地棕壤(山地石渣土)、山地草原土(气泡土)、褐土(板土)、黄褐土(黄泥土)、山地黄棕壤(山地黄泥)、冲积土(淤土)和水稻土(水田)。土类是土壤分类的高级单位,反映了自然因素和人为因素共同作用下土壤发展过程的不同方向所形成的质的区别。

商洛市土壤在地理分布上具有明显的水平地带性、垂直地带性和地域性的特点。土壤分布自南向北随着纬度的变化,气候由北亚热带向暖温带过渡,植被类型也随之发生变化,所发育的土壤也不相同,具有水平地带分布的规律。大致以西起镇安的东河经云镇、凤镇、两岔河至商南的富水连线为界,此线以北的土壤为褐土(板土),以南为黄褐土(黄泥土),构成两个不同气候带的山地土壤垂直带的基带,多分布在海拔 800~850 m 以下的河谷坡塬。

由于地势参差,商洛市地域内高差达 2500 m,致使土壤由下而上呈垂直带状分布,但南北部的垂直分带规律有一定差异。褐土地带的垂直分布的一般规律是:河谷是淤沙土,1200 m 以下的坡塬低山丘陵为淋溶褐土(板土),随山势增高,中山、高山依次出现山地棕壤(山地石渣土)、山地灰棕壤(山地灰泡土),如秦王山的垂直带谱。秦岭主脊、四方山等山地都具有上述土壤垂直带结构,在牛背梁的顶部还分布有高山草甸土。黄褐土地带的垂直分布的一般规律是:河谷为淤沙土,海拔 800 m 左右的坡塬为黄褐土(黄泥土),海拔 1000 m 上下为黄棕壤,向上为山地灰棕壤(山地灰泡土),只是在蟒岭、鹃岭主脊由于森林长期遭到破坏,次生的草灌繁茂,山地灰棕壤被山地草原土(气泡土)代替,仅在陡坡还残留有油松、白桦、栎类等林地的地方分布着灰棕壤。

由于区域内地势总趋势是西北高东南低,山地土壤垂直带的每一土壤类型又呈东北-西南带状分布,并且在河流切割的影响下,具有与地势总趋势相吻合的不连续性特点。例如,山地灰棕壤在秦岭主脊牛背梁、光头山、鹰嘴岩、四方山、九华山等山地就是呈东北-西南向的断续分布的。

位于北亚热带的鹃岭山地,海拔 1500 m 以上的山峰,保存有原生松栎林的地方分布着山地灰棕壤,其他大部分山地则是草灌丛生,分布着山地草原土,呈连续的东西向带状分布。海拔略低的东西向山地则为黄棕壤带,更低的川塬丘陵则为黄褐土带。

五、南北过渡的植被景观

一个地区的植被和它的生存环境之间具有相对的统一性,有怎样的自然环境,就会有与之相适应的植被类型,一定的植被类型反映着自然环境的综合特征。商洛市北侧的秦岭主脊平均海拔 2000 m 左右,是黄河和长江流域的分水岭。它的两侧不仅气候、土壤不同,而且植被也显示出明显的差异。秦岭以北的关中平原属于暖温带落叶阔叶林植被,秦岭山脉以南的汉中盆地、四川盆地是亚热带常绿阔叶林植被。商洛市则是暖温带和北亚热带两个植被带的过渡地带。

区内发育着酸性土的低山丘陵,如商南、山阳、镇安等地生长着亚热带的马尾松林,或马尾松和麻栎共同组成的南方型松栎林;钙质土的低山丘陵分布有亚热带钙质土指示群落的柏木林。金钱河、旬河谷地和山坡下部生长有南方型的常绿阔叶林,其中有油樟、三条筋树、桢楠等樟科常绿阔叶乔木组成的照叶林,还有南方型的落叶乔木,如枫香、水青树、玉兰等。在丹江、洛河的上游,自然景色和上述地区有很大差异,所能见到的植被:高山是桦木林、华山松、尖齿栎林;中山是栓皮栎、油松林等暖温带型的松栎林;低山丘陵和河谷盆地则是油松、核桃、柿、杨、柳、榆、槐等暖温带落叶阔叶林。

商洛市地势高低悬殊，气候错综复杂，因而形成多样的植被类型。总的来说，西北部的镇柞山地，气候高寒，地势崎岖，植物生长茂密，覆盖度达 85% 以上，其中森林覆盖度达 32% 以上，是全区森林植被覆盖度最大、类型最复杂、垂直分带性最明显的地区。一些地方至今保存有相当面积的原始林，主要树种是华山松、油松、栓皮栎、红桦、山杨、冷杉。东部地区由于环境条件不同，以及人类长期生产活动的影响，除中山地区还保存部分松栎林外，大部分地方为草灌和后期营造的松栎林。由于山地的影响，气候条件沿着垂直方向而变化，从山麓到山顶，植被也发生相应的改变，形成明显的植被垂直带。商洛市处在暖温带和亚热带气候带上，因而植被垂直分带也有所不同，主要表现为基带和垂直各带分布高度的差异。

（一）暖温带植被垂直带谱

1. 栓皮栎林带

本带分布于海拔 600～1100 m 的低山丘陵，是秦岭暖温带的典型垂直地带性植被基带，也是关中盆地水平地带性植被——落叶阔叶林向南延伸的部分。本带主要建群种是栓皮栎和油松，其他落叶阔叶乔木有核桃、柿、板栗、小叶杨、柳、槐、梓、榆、皂角、刺槐等，这些都是我国温带和暖温带落叶阔叶林区常见的树种；林中灌木常见的有黄栌、盐肤木、本氏马棘等；林下草本植物有细叶苔、拔针苔、白茅等。

本带海拔 600～900 m 由黄土覆盖的河谷沟坡常见有片状旱生侧柏疏林分布，并夹有少量桧柏、山刺柏等乔木；灌木草本以耐旱种类为主，如狼牙刺、荆条、酸枣、白茅、柴胡等。

2. 华山松、尖齿栎林带

本带分布于海拔 1100～1800 m 之间的中、高山，构成本带的建群种是华山松和尖齿栎，优势种有油松、槲栎、辽东栎、山杨；其他乔木有白皮松、太白杨、青皮槭、椴、臭椿等；林下灌木有松花竹、黄栌、六道木、连翘、照山白等；林内草本有拔针苔、野青茅、大油芒、柴胡、野菊、天门冬等。

3. 桦木林带

本带分布于海拔 1800～2100 m 的高山。本带以桦木科的桦属植物占绝对优势，其中以红桦最多，其次是牛皮桦、光皮桦；其他乔木有华山松、铁杉、山杨、太白杨、椴及少量油松和云杉、冷杉等；林内灌木有松花竹、六道木、照山白、忍冬榛子等；草本有落新妇、拔针苔、鹿蹄草、西藏苔等。

4. 云杉林带

本带分布于海拔 2100～2300 m 之间的高山。本带不仅垂直分布幅度较小，而且建群种云杉的数量也不多，其上界有许多冷杉下移，下界则是红桦、华山松等，真正的云杉林很少见；其他乔木有铁杉、鹅耳枥、千金榆等；林下灌木有高山绒线菊花、花楸、峨眉蔷薇、杜鹃、松花竹、六道木、金露梅、忍冬等；草本有早熟禾、高山梯牧草、三茅草、鹿蹄草、青木香等。

5. 冷杉林带及高山草甸

本带分布于海拔 2300～2802 m 之间的亚高山，几乎是冷杉纯林，主要是太白冷杉，其他有四川冷杉、秦岭冷杉等；林下灌木以杜鹃类最多，其他有峨眉蔷薇、秦岭蔷薇、松花竹、忍冬类、绒线菊等；草本植物有苔草、青木香、蒿草、樱草等。

（二）亚热带植被垂直带谱

(1)含常绿阔叶树的落叶阔叶林带。本带分布于海拔 500～820 m 的旬河支流达仁河谷，气候具有湿热的特点,因此植被上出现了许多亚热带常绿阔叶树,如油樟、桢楠、大叶楠、檬子树、乌药、女贞等。在酸性土分布的低山丘陵,有马尾松林;钙质土上则是小片柏木林。山坡下部有杉木林和斑竹林。落叶阔叶树有麻栎、栓皮栎、槲树、枫杨、桑。灌木中增加了常绿种类,如十大功劳、光叶海桐、石楠、冬青等;落叶灌木有马桑、黄栌、盐肤木、青荚叶。藤木有猕猴桃、扶芳藤、葛藤等。草本植物有白茅、披针苔、蒿类。

(2)第二个植被垂直带与暖温带的第一个植被垂直带相同,是栓皮栎林带,与暖温带的栓皮栎林带相比,唯增加了女贞、飞蛾槭、八角茴香、椰榆、檬子树等南方型的种类。

(3)再向上依次是华山松、尖齿栎林带,桦木林带,云杉林带,冷杉林带与暖温带的植被垂直带相同,但各带分布的高度比暖温带相应的各垂直带略高。

第二节 区域地质背景

根据《陕西省区域地质志》(1982年)的划分,商洛市构造单元地处中朝准地台南缘和秦岭褶皱系中段,以铁炉子断裂为界分为中朝准地台南缘和秦岭褶皱系。秦岭褶皱系以商县-丹凤断裂、山阳-凤镇断裂为界分为北秦岭加里东褶皱带、中秦岭华力西褶皱带及南秦岭印支褶皱带(见表2-1、图2-1)。

表2-1 商洛市地质构造单元划分表

一级地质单元	中朝准地台		秦岭褶皱系					
二级地质单元	豫西断隆		北秦岭加里东褶皱带		中秦岭华力西褶皱带	南秦岭印支褶皱带		
三级地质单元	太华台拱	金堆城台凹	纸房-永丰褶皱束	太白-商县褶皱束	礼县-柞水华力西褶皱带	凤县-镇安褶皱束	留凤关-金鸡岭褶皱束	白水江-白河褶皱束

区域构造线主要呈近东西向带状展布。中朝准地台南缘出露地层以太古界、元古界和古生界寒武系、奥陶-志留系沉积为特征。其中:太古界太华群花岗-绿岩带是金矿的主要赋存层位,元古界熊耳群火山-沉积岩是钼矿的主要赋存层位。北秦岭褶皱带出露地层为元古界秦岭群、宽坪群及早古生界云架山群,其中:秦岭群变质岩是锑、金矿的主要赋存层位,宽坪群变质岩是铅、锌、钼、铜矿的主要赋存层位。中秦岭褶皱带出露地层主要为泥盆系中上统及石炭系,为一套碎屑岩-碳酸盐类复理石建造地层,其中青石垭组为铁、铜、金、银、铅、锌矿的主要赋存层位。南秦岭褶皱带出露地层主要为早古生界志留系下统、晚古生界泥盆系、石炭统及凤镇-山阳断裂南侧分布的震旦系、寒武-奥陶系。其中:寒武系水沟口组为钒、金矿的主要赋存层位,泥盆系和石炭系碎屑岩-碳酸盐岩是金、汞、锑、铅、锌矿的主要赋存层位。

该区陆内造山作用强烈而广泛,构造极为发育,逆冲推覆及走滑剪切作用形成多个大型近东西向褶皱构造和断裂构造,如太华复背斜、孤山村复向斜、曹坪-桐峪寺复向斜构造等;石门断裂、铁炉子断裂、商丹断裂、凤镇断裂、镇板断裂等构成本区构造基本骨架。秦岭地块被北东

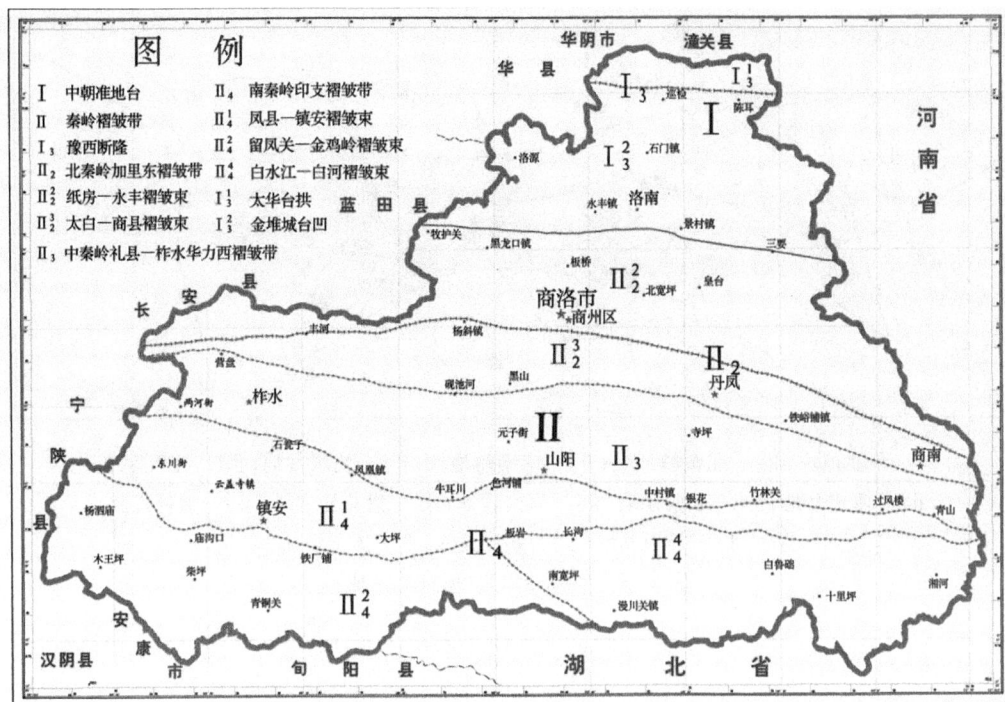

图 2-1 商洛市地质构造单元划分示意图

向基底断裂分割成柞山、镇旬等盆地。柞山、镇旬热水盆地形成发育过程中，热水喷流沉积和热水弥漫作用形成了富含成矿物质的特殊岩相（主要为钠质岩、硅质岩），特殊的古地理环境也有利于层控矿产的沉积富集保存，为本区金属成矿提供了有利的构造环境条件。

区域岩浆活动具有多期和多岩类特点，以加里东期至燕山期中酸性岩浆岩为主，主要有老牛山岩体、牧护关岩体、蟒岭岩体、柞水岩体、曹坪岩体、沙河湾岩体及山阳、蟒西一带的中酸性小岩体，并有少量基性-超基性岩体分布。燕山期中酸性小岩体与铜、钼、金矿等有一定成因关系，基性-超基性岩体与铁、镍、铬矿有直接成因联系。

秦岭造山带处于华北板块和扬子板块之间，经历了古元古代-古生代多期次的开合运动，及中新生代以来的大陆造山运动。各期次构造格架相互叠加复合，发展以近东西向缓波状线性构造为主体，北东-北西-近南北向等线性构造与之相交，和弧形、环形构造并存的复杂格局（见图 2-2）。其中，东西向断裂带为秦岭造山带主干断裂构造，规模较大，多为缓波状或斜列相边，为压扭性构造，并具长期活动特点，其多为不同构造单元的分界断裂。

商洛市矿产丰富，种类众多。金属矿产成矿基本特征是分区富集、多旋回改造，显示同位多期、深源浅成及多源复成的成矿特征。沉积盆地控制了成矿区，次级近东西向断裂和含矿层复合控制了成矿带的分布。商洛市主要金属矿产有铁、铜、铅、锌、金、银、汞、锑、钒、钼、钨、铬、镍等，主要非金属矿产有矽线石、萤石、水晶、钾长石、石榴石、透闪石、透辉石、耐火黏土、陶瓷黏土、石英岩、白云岩、冶金用石灰岩、水泥灰岩、硫铁矿、重晶石、磷、石棉、云母、晶质石墨、镁橄榄岩、饰面板材（花岗岩、大理岩）、瓦板岩等。

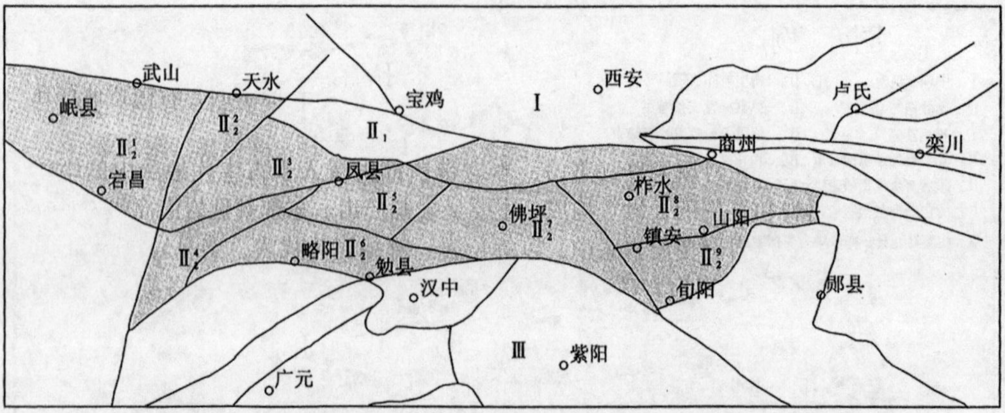

Ⅰ—华北地块;Ⅱ₁—北秦岭地块;Ⅱ₂—南秦岭地块;Ⅱ₂¹—礼岷盆地;Ⅱ₂²—礼天盆地;

Ⅱ₂³—西成盆地;Ⅱ₂⁴—徽成盆地;Ⅱ₂⁵—凤太盆地;Ⅱ₂⁶—勉略康盆地;Ⅱ₂⁷—佛坪隆起;

Ⅱ₂⁸—柞山盆地;Ⅱ₂⁹—镇旬盆地;Ⅲ—扬子地块

图 2-2　秦岭造山带(地块及盆地)

第三章
东秦岭(商洛市)山间盆地地层层序

东秦岭在印支构造运动期褶皱隆起之后,除在少数低洼地区沉积了中生代早、中期的地层外,广大地区仍为隆起的剥蚀区。之后,沿着早期燕山运动产生的断裂发育了许多大大小小的盆地。这些盆地不论其大小或形状,几乎都与断层有关,它们一边沉降一边堆积,沉积了数百米以上厚的地层。

第一节 早白垩世形成的盆地

一、洛南盆地

洛南盆地地处陕西省商州区的东北和洛南县的中南部。盆地东西长 63 km,南北宽 15 km。它是一个发育在华北地块南缘的断陷盆地,其中生代以前的地质特点具有较多华北地块的性质。晚中生代以后,尤其是新生代的地质特征与整个秦岭造山带内山间盆地的地质特征几乎完全一样。洛南盆地主要受其南侧大断裂的控制和影响,盆内地层大体呈东西向展布,向北倾斜。由于各期构造运动的影响,白垩纪地层中都有褶皱、断裂发育,靠近大断层的下白垩统中的褶皱更是紧密、强烈。早第三纪地层虽也见有褶皱构造,但很宽缓,新第三纪晚期及其以后的地层分布比较零星,且多呈水平产状。洛南盆地的地层自下而上分为下白垩统郭家村组(K_1g)、上白垩统红土岭组(K_2h)、古新统李家庙组(E_1l)、渐新统囫囵山组(E_3h)、上中新统峰陵组(N_1^3f)、上新统南沟组(N_2n)和第四系(Q)。

1.下白垩统郭家村组(K_1g)

该组沿盆地南缘呈较窄的条带状分布,几乎从盆地西头到东头都有出露,葡萄岭沟剖面中有很好的记录。由于该组主要由灰绿、灰黑色泥质岩组成,因此很容易和盆内其他红色岩石相区别。受断裂的影响,下白垩统限于上湾-三要大断层北侧,在郭家村、胡河一带出露很好。在其后期地壳运动的影响下,下白垩统中的褶皱变形、断裂都发育。在这一层中发现介形类化石,以 *Cypridea* 为主,又有仅生存于白垩纪的 *Lycoperocypris*,其时代确定是早白垩世。

从地层特点看,郭家村组是一套以泥岩、页岩和砂质泥岩为主夹少量砾岩、砂岩的地层。从颜色及组成看,可分上、下两段:下段色深,以灰绿、灰黑等色为主,质细,多为泥质岩,甚至夹泥灰岩,代表一种水体较深且较稳定环境中的沉积;上段除灰、灰黄色外,还有红褐色、灰红色夹层,除泥质岩外,还夹有较多的砂岩、砾岩层。化石产在上段中、上部。上段显然属一种水体较浅,更适于生物生活的条件下的沉积。

2.上白垩统红土岭组(K_2h)

红土岭组几乎遍布盆地南缘,以西部出露最好,由上下两段组成。下段是一套褐红、浅褐红、灰褐色砾岩、砂砾岩及砂质泥岩呈等厚或不等厚互层状组成的地层。在红土岭剖面上,本段厚度近900 m,充分显现了红、粗、厚的特点。向东延展,从浦峪沟起厚度急剧变薄,仅几十至百米,但仍不失红、粗的特征。本组底部超覆不整合在其下前寒武纪宽坪组变质岩上。在红土岭本段中下部的地层中存在大型蜥脚类恐龙 *Qilingosaurus luonanensis* 化石。

上段以"红、白互层"为其主要特征,即由大约等厚的褐红色泥岩、砂质泥岩和灰白、灰绿色砾岩、砂砾岩组成并呈互层状的一套地层,岩性特征相当稳定,分布广泛,容易辨识。其厚度在盆地西部达千米左右,由于受地壳运动影响,加之岩性较软,上段地层在盆地西部褶皱构造发育,向东厚度减薄,但最薄也有100～200 m。洛南盆地的上白垩统,下段为近山的洪积-冲积相沉积,上段是地质环境相对稳定条件下的河湖相沉积。上、下段地层中都存有恐龙或其他爬行类化石。据薛祥煦等的研究,下段产出的恐龙骨骼属蜥臀类中四脚行走的大型蜥脚次亚目恐龙,属晚白垩世分布很广的巨龙亚科(Titanosaurinae)。所以,无论从岩石地层或生物地层角度来看,洛南盆地内的这套红色地层时代均应为晚白垩世。

3.古新统李家庙组(E_1l)

本组在葡萄岭沟剖面、窄口川剖面及南沟剖面可见,主要由浅红色或砖红褐色泥岩、砂质泥岩夹砾岩层组成。砂砾岩皆由泥质胶结,较坚硬,泥质岩内富含绿色圆斑和小钙质结核,球状风化特点显著。类似的地层在盆地西部李家庙一带出露较多、较好。洛南盆地的发育在晚第三纪以前表现了较强的继承性,受构造格局的严格控制,各时代地层的分布范围大体一致,古新统和上白垩统多为连续沉积,产状相同,大约从晚第三纪起,盆地受古构造格局的控制和影响越来越小,随着盆地发育到晚期,逐渐萎缩,湖盆分割,地层发育越来越多受地形地貌的影响而多呈分散、零星状分布,产状水平与其下伏地层为角度不整合接触。

4.渐新统圈圈山组(E_3h)

在窄口川剖面和葡萄岭剖面中可见,是一套主要由粗碎屑岩组成的地层。这套地层从葡萄岭西一带向东一直分布到盆地近东头,各地的厚度不完全一样,薄的几十米,厚的可达300～400 m。圈圈山到谢湾一带本套地层发育最好,出露最全,厚度最大。这套地层以其颜色灰红、灰褐,颗粒粗,仅有不稳定的薄层泥、砂质岩夹层为主要特征,易于识别。砾石的分选性、磨圆度都较差,但胶结普遍较好,很坚硬。砾石和胶结物往往同时风化,风化面圆滑平整,露头上难于生长植被,多形成光秃的地貌。实际上这套厚约400 m的地层,无论在横向或纵向上都有变化。纵向上看,其底部要更粗些,靠中、上部颗粒变细,甚至有少量砂质泥岩夹层或透镜体。横向上看,在盆地中西部,其砾石较粗大,向东到景村附近颗粒普遍变得较细,颜色发白。根据在葡萄岭沟内见其平行不整合(或微角度不整合)覆盖在其下富含绿色圆斑的古新统浅红色泥岩之上,其产状和分布特点与其下伏地层的几乎一致,而和上覆产状水平、分布零星产有三趾马等化石的红色黏土层明显不同,与后者显然属于不同构造期的产物,可知其时代应为渐新世。

5.上中新统峰陵组(N_1^3f)

峰陵剖面及窄口川剖面可见,主要出露于盆地东边,零星分布在如峰陵、唐村、南沟口、郝园等地。本组是一套深暗红色泥岩、砂质泥岩,与李家庙组相比,本组要松软得多,成岩作用较差,裂纹很多,裂缝面上有黑色铁锰质薄膜,特征很显著且稳定。本组厚度不大,一般为5～8 m。这套深红色的黏土不整合覆盖在较之要老的不同地层之上,又被上新统或第四系覆盖。在峰陵的本层中产有 *Hipparion*、*Chilotherium*、*Ictitherium*、*Gomphotheriidae*、*Chleustochoerus*、*Gazella gaudryi* 等化石,它们多在保德期"三趾马动物群"中常见,时代明确。

6.上新统南沟组（$N_2 n$）

该组在南沟剖面中最为典型，为一套黄绿色砂或砂质黏土、浅红或灰黄色含砾黏土、砂砾石层。本组分布较广，西从葡萄岭东、园家山经胡河、囫囵山向东到景村一带都有分布，但相变较快，厚度变化也大。靠西边主要盖在囫囵山组之上，而靠东则盖在峰陵组之上，上覆层为第四纪黄土、耕作层等。靠盆地东部西沟、南沟的本套沉积较细，含有保存完好的 *Sinomastodon intermedius* 象牙化石。

7.第四系（Q）

不整合覆盖在其前各期地层之上，各地厚度不等。有好几种成因类型的沉积：①河流冲积层，多沿河流及其主要支流的两侧分布，如洛河两岸；②坡积-残坡积层，分布在高地顶部或山地斜坡上，在杨纸房山坡上有 *Stegodon sp.* 白齿化石，虽然化石属种数及标本数都有限，且有经过再次搬运的可能，但化石本身的时代属第四纪无疑，且为更新世中期的可能性较大；③洞穴堆积层，洛南盆地的北缘是寒武系灰岩发育区，灰岩层中发育不少洞穴及裂隙，其中往往有厚度不等的洞穴堆积物，在一些洞穴、裂隙堆积中赋存有大量的哺乳动物化石。

二、商丹盆地

商丹盆地是东秦岭（商洛市）较大的盆地之一。跨商州区及丹凤境内，盆地长约 55 km，而最宽处仅 5 km，总面积约 200 km²。丹江横贯盆地中部，直到盆地东头才转向东南流去。商丹盆地主要沿其南部商丹大断裂发育，古生界为其主要基底岩层。商丹大断层对盆地边界和盆地发育一直起着控制作用。盆地内的地层除在东、西两头向盆地内倾斜外，其余部位的地层几乎都呈东西向延展，向南倾斜。盆地内地层出露较好，各条沟内地层的可比性较强。地层在盆地西头发育得尤为完全，几乎可以从李家村剖面及任治剖面了解到整个盆地地层的概况。商丹盆地内的地层可分为五大层段，自上而下依次为下白垩统东河群（$K_1 d$）、上白垩统李家村组（$K_2 l$）、渐新统老庄组（$E_3 l$）、中新统（N_1）（待建组）和第四系（Q）。

1.下白垩统东河群（$K_1 d$）

本组在李家村剖面、任治剖面和柿园子沟剖面可见。这套地层总的特点是：自下而上，颜色变化为"红→绿→黄"，颗粒变化为"粗→细→较粗"。因此，根据岩性可将其分为三段：下段以棕红色砂岩、砂砾岩为主夹少量灰绿色砂岩，最底部为灰白色厚层砾岩、砂砾岩，仅分布于盆地西头凤家山一带，非常局限。它是商丹盆地形成初期的山麓洪积层。中段主要分布于商丹盆地的西北部，大致从最西端到商州城区东北。中段全为黄绿、灰绿、灰黑色的泥岩、泥页岩、砂质泥岩、粉砂岩、砂砾岩夹煤线，产有丰富的介形虫、叶肢介、双壳类、昆虫、植物以及恐龙脚印等化石。它是一套典型的湖泊沼泽相沉积，是商丹盆地形成后，盆地相对稳定沉降，水域不断扩大加深，水体比较宁静环境中的沉积。上段主要是黄、黄褐、褐红色的砂岩、粗砂岩，夹有少量砾岩、砂砾岩，其厚度在盆地西部可达三百米左右，在东部只有几米，出露在盆地的北侧。上段岩性较中段的要粗，越向上砂砾岩层越多。东河群在盆地的西部褶皱较发育，但规模都不大。在盆地中部，受其后花岗岩侵入及断层的影响，变形、烘烤现象严重，地层陡倾、直立甚至倒转，并呈黄红、黄褐等烧烤的不正常颜色，质地坚硬，敲之梆梆发响。

2.上白垩统李家村组（$K_2 l$）

本组在李家村剖面、任治剖面、柿园子沟剖面和安沟剖面可见，可分为上、下两段。上段地层最显著的特点就是"红、白互层"，即红褐色泥岩、砂质泥岩夹灰白、灰绿色砂岩，或灰白色砂岩、砂砾岩与红褐色泥质岩互层,在李家村剖面上厚约150 m,距李家村后不远的坡上,本套红色泥岩中产有恐龙蛋化石。下段以李家村剖面最为典型,是一套厚140 m的红棕色厚层砂砾岩夹砂质泥岩。该组发现的恐龙蛋属 *Spheroolithus*,我国恐龙蛋广泛分布于上白垩统中,它甚至被当作上白垩统的"标准化石"。所以,李家村组中的恐龙蛋化石为确定这套地层时代提供了较好的古生物依据。商丹盆地上白垩统的下段主要分布在盆地的西半部,而其上段"红、白互层"则分布非常广泛,在盆地的北边从西到东都有分布。

3. 渐新统老庄组(E$_3$l)

本组在李家村剖面、任治剖面、柿园子沟剖面和安沟剖面可见,厚度达千米左右。这套地层的最醒目特点是:颜色灰棕、灰棕红,颗粒较粗,砾岩、砂砾岩、砂岩为主,厚度较大而稳定,胶结坚硬。从总体上看,有下粗上细、西粗东细的特点,砾岩的成分存在着因地而异的现象,一般称为"褐色层"。从地层接触关系看,本套"褐色层"与其下覆李家村组红色泥岩或"红、白互层"在有的剖面上为假整合关系,在有的剖面上却为断层接触。商丹盆地的老庄组分布很广,从盆地西头直到东头都有分布。在西部,本组沿盆地南缘发育,和其下伏层一样统统向南倾斜。大致从沙河子、张村一带起向东,上、下白垩统可能含有本组,但变得较薄且局限于盆地北缘,"褐色层"成为盆地地层的主体,占有盆地相当大的面积。夜村沙峪沟一带"褐色层"的剖面发育最好,其下部岩性较粗,砾石大小混杂,最大的砾石直径有近1 m,一般为5~10 cm,向上逐渐变细,甚至出现泥岩、砂质泥岩与中-细砂岩的互层。和夜村沙峪沟剖面相比,盆地西侧李家村剖面上的本套地层可能缺少靠上部的细粒沉积。向东接近丹凤县城一带,"综合层"内夹有很多厚层的橙红、橙黄,甚至白色砂质泥岩,远看甚为漂亮,它反映了在本套地层发育的晚期,盆地的沉积中心逐渐向东迁移直至丹凤县城以西。

4. 中新统(N$_1$)(待建组)

本组在柿园子沟剖面可见,是一套黄红、浅红色砂质泥岩。其分布位置较高,且很零星,仅在张村柿园子沟东梁及其以东的一些山头上可见。这套地层大体以15°角向南西方向倾斜,一般厚约10 m。它与下伏倾角为25°~30°的上白垩统"红、白互层"地层呈角度相交,关系清楚。虽尚未在其中找到化石,但其岩性及分布特点都能与洛南盆地峰陵组对比,故确定其为中新统。

5. 第四系(Q)

各剖面最上部的地层,主要是一些松散的堆积物。例如:分布在丹江及其各级支流两岸的砂、砾石、砂土等冲积层;分布在一些缓坡上的砾石、砂土等坡积物。其沉积特征及厚度变化都较大,根据其分布位置及沉积特点,确定其为第四纪的沉积。东龙山附近丹江二级阶地上产有 *Pseudaxis cf. hortulorum* 鹿角,时代为晚更新世。

第二节　晚白垩世形成的盆地

一、山阳盆地

山阳盆地位于陕西省山阳县境内,呈北西西向延伸,南北宽约5 km,东西长约22 km,地势东高西低。山阳盆地为一南断北超的箕形盆地。盆地内的地层及其分布受盆地两侧断层的控制。盆地内地层出露好,地质构造简单,地层除东西两端向盆地中心倾斜外,其他部位的均一致向南倾。除全新统外,几乎所有的地层都是红色的,岩石组成也很相似。山阳盆地的地层可以划分为四大层段，自下而上为：上白垩统山阳组（K_2sh）、古新统鹃岭组（$E_1^{1-2}j$）、渐新统观音寺组（E_3g）和第四系（Q）。

1.上白垩统山阳组（K_2sh）

山阳组是一套很厚的，以棕红、紫红色厚层砾岩、砂砾岩、泥质粉砂岩为主的地层，厚度为700～1000 m，分布很广，几乎遍布盆地的各个部位。其底部地层超覆于网泥盆世流岭组之上，顶部多以一层棕红色泥质粉砂岩与鹃岭组底部的砾岩层相接。山阳组可以进一步划分为上、下两段。下段（K_2sh^1）以厚层砾岩为主，局部夹有泥质砂岩、粉砂岩及少量的砂质泥岩，含有恐龙骨骼及恐龙蛋等化石；上段（K_2sh^2）则主要是一些泥质粉砂岩与砂砾岩的互层。在细粒沉积物中，含有丰富的动物化石，如恐龙蛋及恐龙骨骼、介形类、腹足类等。

山阳组中所产的恐龙化石共有四类，即 *Tyrannosauridae（gen. et sp. indet.）*、*Shangyangosaurus niupanggouensis（gen. et sp. nov.）*、*Shangdongosaurus giganteus*、*Sauropoda（fam.，gen. et sp. indet.）*。山阳盆地所产的恐龙蛋只有少数完整者，呈长椭圆形，其余为蛋壳碎片。经鉴定，山阳盆地的恐龙蛋化石以长形蛋科为主，这是一类我国晚白垩世晚期分布很广、很常见的恐龙蛋化石，它的出现无疑指示着化石层的年代为晚白垩世晚期。

山阳组的介形类数量很多，已发现 8 属 15 种。这一组合以 *Cypridea* 为主，另有少量的 *Talicypridea*、*Eucypris*、*Lycopterocypris*、*Ziziphocypris* 等，构成了 *Cypridea-Talicypridea-Eucypris* 组合。*Cypridea* 在中生代晚期广泛分布于世界各地。我国晚白垩世的南雄组、四方台组、明水组、曼宽河组、跑马岗组等层位中都有丰富的 *Cypridea*。*Talicypridea* 是东亚地区晚白垩世的特征分子，它们无疑指示着产自山阳组的介形类组合所代表的时代为晚白垩世。

此外，山阳组还有一定数量的腹足类化石，如 *Mesolanistes shangyanggensis*、*M. dolliformae*、*M. sp.*、*Valvata longtrobusta*、*V. sp.*、*Truncatella cf. xuanchengensis*、*T. cf. sinensis*、*Parhydrobia sp.*、*Physa shangdongensis*。这些化石主要见于我国各地的上白垩统，如四方台组、南雄组、红砾山组等。

上述山阳组中的各类化石对化石层属晚白垩世所提供的生物信息都是一致的，该结论与薛祥煦等采用古地磁方法测定得到的时代也是相吻合的。

2.古新统鹃岭组（$E_1^{1-2}j$）

鹃岭组是一套浅黄红色泥质粉砂岩、含砾砂质泥岩夹砂砾岩层，厚 270～300 m，分布在盆地东部鹃岭一带。其大段地层的主要颜色比上覆或下伏地层的稍浅，粒度也要较其上、下层段的细。砂质泥岩或泥质粉砂岩中有许多呈散状分布的绿色圆斑，球状风化发育。在靠上部层位中产有 *Bemalambda*，靠底部层位产有 *Mesonychidae*，二者都是我国下第三系常见的化石，特别是 *Bemalambda*，是我国特有的一类古新世哺乳动物，最早发现于广东南雄地区古新世上湖组中，之后在华南许多地区的古新统中都有发现。秦岭山区陕西石门、河南潭头等地的古新统中也发现了这类化石。山阳红层中产的阶齿兽化石完全可与上述地区的相比，其化石层的时代无疑与上述地区的一样，为古新世早-中期。同样，这个结论也与古地磁测定的结果相一致。无论在牛膀沟、刘家沟或寺沟，这一套地层的底部都有一厚层砾岩层，在牛膀沟内，此砾岩层之下的地层中产有恐龙的骨骼及蛋化石，由此砾岩层向上，除哺乳类化石外，再未发现恐龙类的化石。因此，从生物地层角度，砾岩层地面可作为上白垩统及古新统的分界线。含阶齿兽的这一套地层，颜色较浅，结构构造较特殊，与邻区或其他地区相当的地层有一定差别，因此薛祥煦等将此套地层命名为"鹃岭组($E_1^{1-2}j$)"。

3. 渐新统观音寺组(E_3g)

本组以寺沟剖面为代表,分布在盆地南缘狭窄地带。与其上覆第四系及下伏古新统分别为不整合及断层或平行不整合接触,与后二者的岩性有明显差异。在寺沟剖面,本层也呈褐色,较坚硬,无论从其岩性特征或层位关系看,似乎都可与洛南盆地的囫囵山组、商丹盆地的老庄组对比。

4. 第四系(Q)

山阳盆地的第四系有三种类型:第一类以刘家沟剖面为代表,主要分布在盆地南缘、靠近大断层山坡上的洪积-坡积物,其岩性主要为灰黄色的砾石,胶结松散,不成层,砾石成分主要是大理岩、石英岩,分选性和磨圆都很差,零星分布,各地厚度不等;第二类沉积主要分布在一些地势较低的地方,是红层风化后的坡积、残积层;第三类是沿沟谷河道的冲积、洪积砂砾石层。

山阳盆地内的地层受构造变动的影响不大,多为单向倾斜。上白垩统山阳组的下段分布最广,但现仅出露在盆地的北侧及东、西两端,其他部位为其上覆层所盖,其厚度变化很大,在盆地东部,厚度一般为300~400 m,而寺沟以西的盆地地区厚度可达千余米。山阳组下段以砾岩为主,其岩性在盆地东、西两侧也有一定的差异。如在盆地东部(唐家沟剖面),山阳组最底部有一厚3~5 m的含砾泥质粉砂岩,砾岩层中也夹有多层的薄层砂质泥岩;而在寺沟以西地区如岔沟、庙沟剖面,却极少或几乎不含泥质砂层,砾岩的砾石也比东部的要粗大,有的直径可达40~50 m,砾岩胶结坚硬。这反映了当时的盆地西高东低,湖水西浅东深。山阳组上段的分布范围比下段的明显小,其露头仅见于山阳县城向东到过风楼一线的以南地区,其厚度及岩性都比较稳定,主要是一套层厚1~2 m的含砾泥质粉砂岩与砾岩的互层。

古新统鹃岭组的分布范围更小,局限于山阳组上段分布范围内,东起自石头梁一带,西止于寺沟一带,东西相距仅6 km左右。古新统在纵向上,有从下往上逐渐变细,砾岩夹层逐渐变少的趋势,但靠上部砾石又稍增多,岩性变粗。在横向上,盆地东、西两端地层的颗粒稍粗,粗粒夹层稍多;中部如刘家沟带,整个古新统全为一套含砂、粉砂的泥岩层,该地区可能就是当时古新世湖盆的沉积中心。

山阳盆地各层化石的分布也很有特点。在寺沟以西的地段除有第四纪化石外,白垩系、第三系中未发现过化石,而在寺沟以东,无论是恐龙骨骼、恐龙蛋、哺乳类还是介形类、腹足类,其种类和数量都很丰富。结合山阳组岩性西粗东细、北粗南细的特点,有可能当时盆地内沉积物主要来自西、北两侧;而鹃岭组的则来自东、北、西三面。由于盆地南缘断层的南盘不断抬升,盆地受断层牵制一侧相对下降较快,地势低洼,形成了盆地的沉积中心区。该区水体相对稳定,适宜生物的生存和发展,湖水中有介形类、腹足类动物,湖边或浅湖中有大大小小的恐龙等陆生动物生活,恐龙将其卵产于湖边较软沉积物中,所以这一带化石丰富。

二、漫川关盆地

漫川关盆地位于陕西省山阳县境内,山阳断裂以南、郧阳区-郧西断裂以北,并与郧西断裂斜切,盆地面积约50 km²。该盆地今天的轮廓为一斜方形,盆地长轴北北西向的走向与该地区北西向的主体构造线斜交,这种现象在整个秦岭东部地区比较少见。盆地内的地层由厚达数百米的棕红色或浅红色砾岩、含砂砾岩、砂岩及粉砂岩、粉砂质泥岩组成。漫川关盆地内地层可分为两个大的层段：上白垩统山阳组（K_2sh）和第四系（Q）。

1. 上白垩统山阳组（K_2sh）

该组红色地层是漫川关盆地内地层的主体。从沉积特点看,这些红层由两个小的沉积旋回组成。下旋回地层由下部砾岩层及砂质泥岩层组成,上旋回地层由上部砾岩层及粉砂岩层组成。下旋回地层的颜色比上旋回要深,颗粒要粗,胶结更坚硬。

在下旋回的地层中发现有脊椎动物骨骼及介形类化石。前者为一残破肢骨,色紫红,很可能属恐龙类。介形类多为晚白垩世的常见属种,它们在我国其他盆地的山阳、南雄组、三水组、乌家组、戴家坪组、跑马岗组、莱阳组、苏巴什组等晚白垩世地层中都有发现,其总体面貌与山阳盆地晚白垩世山阳组的面貌十分相似。所以含这一介形类组合的地层可与上述这些地层组,尤其是山阳组对比。上旋回与下旋回的地层之间未见任何构造痕迹,沉积特点也很相似。

2. 第四系（Q）

该组为浅棕黄色黏土、砾石层,分布在山坡或坡脚地带,胶结松散,分布不连续,各地厚度不等,岩性也不尽一致,与其下伏的红色地层在沉积特点上截然不同。在漫川镇东的坡地上采到一块基本完整的 *Bovinae* 股骨化石。

第三节 新生代形成的盆地

在东秦岭新生代才形成的盆地只有陕西省石门和河南省卢氏两个盆地。前者的最下部地层是中-下古新统樊沟组,而后者的最下部地层是中始新统张家村组。本教材仅讨论陕西省石门盆地。

石门盆地位于陕西省洛南县北约 15 km 处,盆地东西宽约 13 km,南北长约 4 km,是一个面积不超过 50 km^2 的小型盆地。石门盆地发育在以震旦系高山河组为中心的石门倒转背斜轴部,高山河组石英岩及千枚岩作为石门盆地的基底,出露在盆地四周,与盆地内新地层间都有断层相隔。盆地内主要是一套棕红、紫红色泥岩、砂质泥岩及砾岩。石门盆地内的地层可分为三个层段,自下而上依次是：下-中古新统樊沟组（$E_1^{1-2}f$）、上中新统疙瘩庙组（N_1g）和第四系（Q）。

1. 下-中古新统樊沟组（$E_1^{1-2}f$）

樊沟组是石门盆地中分布最广、厚度较大的一套地层,总厚约 170 m,主要由棕红、浅棕红色砂质泥岩、泥岩组成。下部夹数层薄砾岩,上部夹两层灰绿色含砾砂质泥岩或泥质砂岩层。本组地层有向南砾岩层越来越厚,直至盆地南缘完全相变为砾岩的现象。本组地层都是从盆缘向盆心倾斜,其岩石特点与其上覆或下伏层的明显不同,顶底界限清楚,产有很典型的古新世早-中期脊椎动物化石,故建立了樊沟组。赋存在樊沟组中的化石如 *Prosarcodon luonanensis*,比 *Sarcdon* 要原始得多,虽与白垩纪夹道黑层中的 *Deltatherium* 有许多相似之处,但又比后者要进步。从其构造特点看,其代表的时代及它在生物进化上所处的位置与其代表的地质时代大体上是一致的。*Hukoutherium shimenensis* 的基本特征与在广东南雄上湖组中的 *Hukoutherium* 非常相似,所反映的地质时代也是一样的。化石数量最多的是 *Bemalambda*,这是一类仅发现于中国的古老的哺乳动物,过去在南雄上湖组、江西狮子口组、安徽的潜山组中都有过较多的发现,时代仅限于古新世,而且以其早-中期为主。樊沟组中有这样一些生活或只生活在古新世（尤其是古新世早-中期）的哺乳动物,使樊沟组的时代可以较准确地被确定为古新世早-中期。

2. 上中新统疙瘩庙组(N₁g)

疙瘩庙剖面为本组的代表,其岩性主要为紫红色砾岩及泥岩层,与其下伏地层间普遍存在波状侵蚀面,有的地方甚至还呈微小角度相交。这套地层分布普遍,岩性特征也较稳定,只是在不同部位,其所含砾石的成分不完全相同,大致有三种类型:第一类在盆地东北部之东洞、东山、疙瘩庙、花庙及背部圪拉一带,其砾石层成分几乎全为灰岩、鲕状灰岩,砾石半浑圆,钙质泥质胶结,较坚硬。这类砾岩在一些地方风化后往往成陡坎地形,如上樊沟、疙瘩庙一带即是。第二类分布在盆地西部、南部沙岭、王桥、刘南沟、谢长岭、桑树下一带,其砾岩成分几乎全为灰白、紫红色石英岩,半棱角状,大小不均,泥砂质胶结,往往不如第一类的坚硬。第三类在盆地东南侧庵沟、龙王村一带,其砾石成分除石英岩砾外,还有很多灰白、灰红色片状千枚岩砾,胶结较好。这些砾岩层都广泛地直接覆盖在樊沟组的棕红色泥岩之上。在砾石成分不同的两类砾岩相邻接地区,往往能看到二者相互交错相变的现象,如下庄沟村、疙瘩庙、马湾沟支沟等处皆是。这种砾岩砾石成分随地而变的现象显然是与它们的物质来源不同有关,如盆地南缘主要是中元古界高山河组石英岩、千枚岩,而北缘除有中元古界的硅质白云质灰岩外,还有大片寒武纪灰岩及鲕状灰岩露头。

3. 第四系(Q)

第四系不整合覆盖在各种地层之上。在石门河及其他较大支沟两岸及较大冲沟内发育有灰色冲积砂砾石层,时代很新;在高坡、山脊上有分布较广的残积、坡积浅灰红色砂土,含砾砂质土层,这两类沉积的时代为全新世。在盆地周边寒武纪碳酸盐岩裂隙或洞穴内有红黄色含角砾砂质黏土洞穴堆积,产有 *Cervus*、*Hyaena sinensis* 等化石。

第四章
秦岭造山带的演化及商洛市区域地质构造

第一节　秦岭造山带的演化过程

秦岭的地质发展一直是地质学家探讨的科学问题。秦岭的演化可大致分为两个阶段,即早期秦岭造山带演化阶段和晚期秦岭山脉形成阶段。古生代-中生代为秦岭造山带发展时期,涉及大洋板块俯冲、活动和被动大陆边缘的发展、相邻陆块/地块的碰撞以及伴随的岩浆活动、变质作用和构造变形。新生代是秦岭山脉的形成阶段,它是秦岭造山带北部在伸展作用下发生强烈隆升的结果。

一、秦岭山脉与秦岭造山带

山脉是一个地理学概念,是指大陆内部由山岭和山谷组成并沿一定方向延伸的地理单元,它以高耸狭长的地貌为特征。山脉的隆升有多种成因,可由地壳挤压形成,如被称为世界屋脊的喜马拉雅山脉;由地壳伸展形成,如位于东非裂谷西支的鲁文佐里山;与走滑构造作用相关,如阿尔金山脉;由火山喷发形成,如肯尼亚的非洲最高峰乞力马扎罗(火)山。

造山带是一个地质学概念,是指由造山作用形成的一个地质构造带。造山作用是指与大洋板块俯冲以及大陆块体碰撞/增生相关的一系列地质过程,包括大规模岩浆活动、区域变质作用以及强烈构造变形。造山带通常经历了一个漫长的地质演变过程,古老造山带多已被夷平或被后期其他地质作用所改造。

秦岭造山带与秦岭山脉同样也是两个不同的概念。秦岭造山带是指华北与扬子陆块经过长期复杂拼合过程而形成的一个造山带,其范围包括华北和扬子陆块在拼合过程中所影响的一个狭长区域(见图4-1)。秦岭造山带向东包括桐柏-大别造山带,所以地质文献中也常把秦岭造山带与大别造山带合为一体,统称为秦岭-大别构造带。秦岭造山带向西与阿尼玛卿造山带、东昆仑造山带和祁连造山带相接,所以秦岭-大别造山带与阿尼玛卿、东昆仑和祁连山等造山带在地质文献中也被合称为中国的"中央造山带"。

二、秦岭造山带的演化

秦岭造山带的演化主要发生在古生代-三叠纪时期。各种地质记录明确指示,秦岭造山带的发展涉及两次大洋板块的俯冲和两次陆块的碰撞。晚中生代时期,由于华北与扬子陆块持续汇聚,秦岭造山带又发生了强烈的陆内构造变形,中-晚三叠世形成的构造格局被大规模改

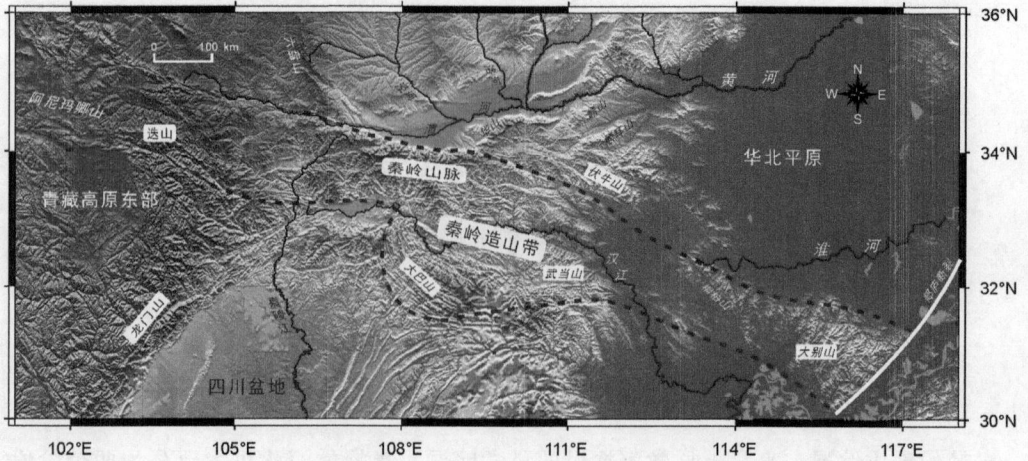

图 4-1 秦岭及秦岭造山带(虚线勾勒出秦岭造山带范围)

造。图 4-2 显示了秦岭造山带在经历了晚中生代构造变形后的构造格局。秦岭造山带可分为北秦岭、东秦岭和西秦岭几个构造单元,北秦岭位于整个秦岭造山带的北部边缘,南缘为商丹缝合带或商丹断裂带,北侧为栾川断裂带。东秦岭和西秦岭位于北秦岭的南侧,两者之间通常以甘肃省徽县和成县两个中-新生代盆地(徽成盆地)为界。西秦岭在新生代发展为青藏高原东部的一部分,以强烈挤压变形和隆升为特征;而东秦岭则受青藏高原向外扩展的影响较弱,新生代主要受伸展构造的控制。然而,标记东秦岭和西秦岭之间地质演化差异性的界限一直缺乏明确的划分。就秦岭造山带的地质结构来讲,两者应该以宁陕断裂为界。西秦岭保存有完整的秦岭造山带古生代-三叠纪的地质记录,北侧和南侧分别被两个缝合带所限,即商丹缝合带和勉略缝合带(见图 4-2)。东秦岭则经历了与西秦岭完全不同的古生代-三叠纪演化过程。东秦岭包括南秦岭和大巴山两个构造带。根据对这两个构造带内地层和沉积序列的分析,证明东秦岭在晚元古代-古生代时期应属于扬子陆块的边缘,它在晚中生代才被卷入到秦岭造山带之中。目前研究资料显示,勉略缝合带向东终止于宁陕断裂(见图 4-2),没有地质证据显示它沿东秦岭南缘继续向东延伸。因此,东秦岭与北秦岭之间缺失一个可与西秦岭地质演化过程相类似的地块。

图 4-3 是孟庆仁依据相关研究成果建立的一个秦岭造山带演化模型。在新元古代-奥陶纪时期,华北陆块与一个外来地块之间曾存在一个古大洋,称为商丹洋[见图 4-3(a)]。商丹洋板块自晚寒武世开始向华北陆块之下俯冲,导致华北陆块南缘在晚寒武世-奥陶纪发展为一个活动大陆边缘,出现火山岛弧、弧前盆地和弧后盆地等。二郎坪蛇绿混杂岩被认为是弧后盆地的产物,而北秦岭则记录了与俯冲过程相关的火山岛弧和弧前盆地体系[见图 4-3(b)]。早志留世商丹洋闭合,北秦岭与外来地块发生碰撞,二郎坪弧后盆地也同时关闭。商丹洋和弧后盆地的闭合在秦岭造山带北部形成了两个缝合带,即商丹缝合带和二郎坪缝合带[见图 4-3(c)]。扬子陆块在早古生代曾远离华北陆块,直到晚古生代才逐渐向华北陆块漂移,两个陆块之间被古特提斯洋或秦岭洋所分隔。自二叠纪开始,秦岭洋板块向新增生到华北陆块南

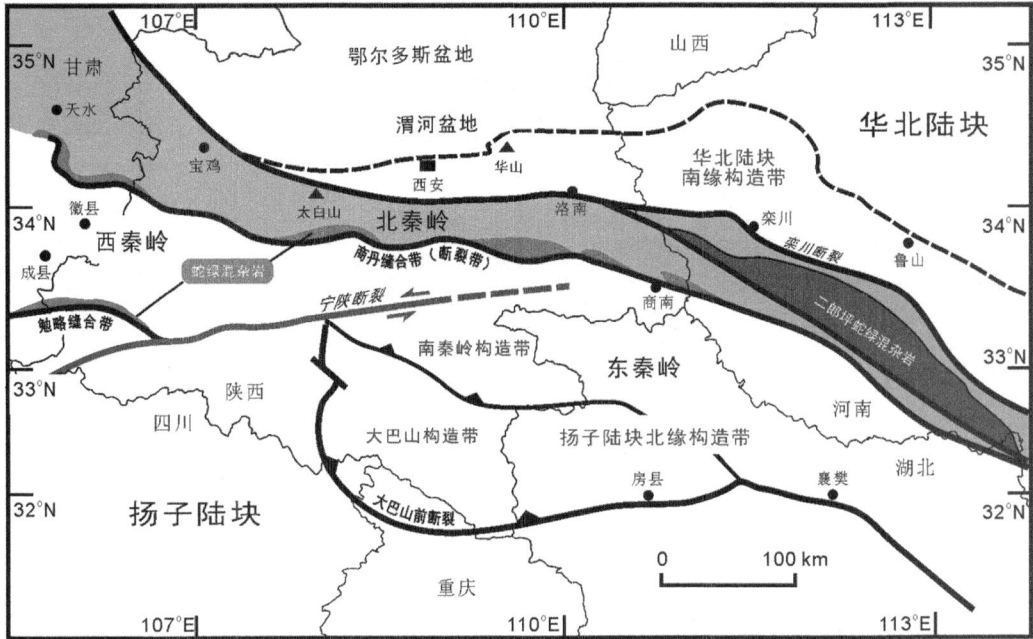

图 4-2　秦岭构造带构造单元划分

缘的外来地块之下俯冲[见图 4-3(d)]。晚古生代时期,扬子陆块北部边缘始终为被动大陆边缘,以发育浅海陆棚和斜坡碎屑岩、碳酸盐岩沉积体系为特征。扬子陆块在中-晚三叠世与外来地块发生碰撞,勉略缝合带最终将华北与扬子陆块结合在一起[见图 4-3(e)]。中-晚三叠世形成的秦岭造山带主要由北秦岭和外来地块两部分组成,其南、北边缘分别为勉略缝合带和二郎坪缝合带,其南、北两侧还可能发育周缘前陆变形带和前陆盆地。扬子陆块在晚中生代继续与华北陆块汇聚,并同时发生顺时针旋转,造成秦岭造山带进一步缩短变形。扬子陆块向北的斜向挤压导致秦岭造山带内的外来地块发生陆内俯冲和侧向逃逸[见图 4-3(f)],使得秦岭造山中-晚三叠世构造格架被改造。到早白垩世,外来地块由于持续的陆内俯冲和侧向挤出而最终在东秦岭消失,使得扬子陆块与北秦岭直接接触(见图 4-2)。桐柏造山带发育晚三叠世高压变质带,而该变质岩带直接与北秦岭拼贴在一起,这一现象很可能是早期外来地块的消失导致南部勉略缝合带与北部商丹缝合带直接拼合的结果。由于晚中生代强烈构造变形,东秦岭古生代-三叠纪构造演化的地质记录已不完整。

三、秦岭山脉的形成

在晚白垩世到古近纪,秦岭造山带经历了一个缓慢的隆升过程,造山带早期的构造地貌被大幅度剥蚀和夷平。从始新世(约距今 50 Ma)开始,秦岭造山带北部又发生强烈隆升。秦岭主峰太白山的海拔为 3771.2 m,北侧渭河盆地海拔为 400 m,两者在不到 40 km 的距离内出现大于 3300 m 的高度差异。恢复山脉隆升历史的方法主要是根据岩石中磷灰石和锆石矿物的裂变径迹热年代分析。秦岭山脉广泛出露早白垩世花岗岩,因此成为研究秦岭山脉新生代隆升历史的主要岩石。通过学者研究华山花岗岩和太白山花岗岩的冷却历史,得知华山花岗岩

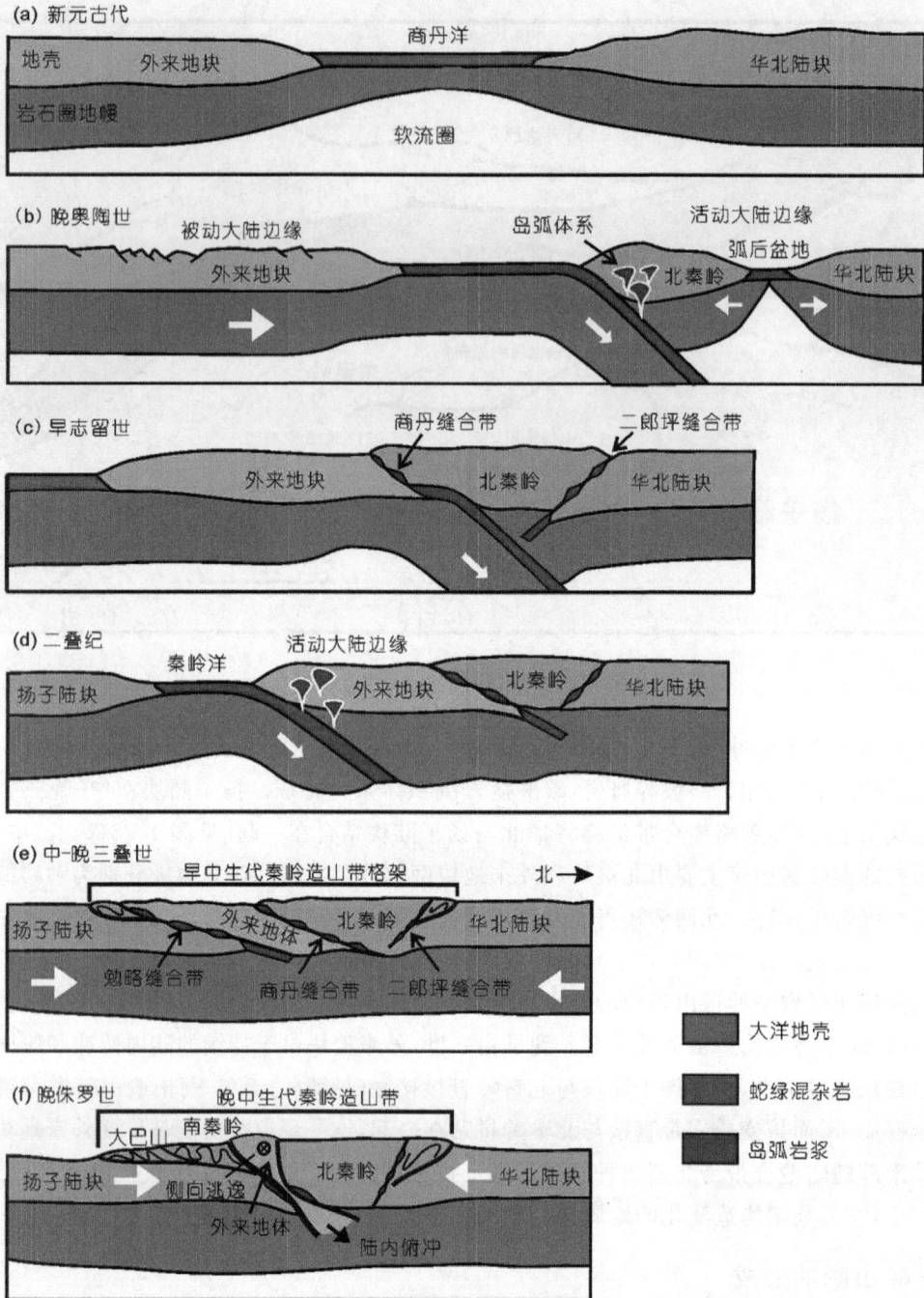

(a) 新元古代

地壳　外来地块　　商丹洋　　　　华北陆块

岩石圈地幔　　　　　软流圈

(b) 晚奥陶世

被动大陆边缘　　　　岛弧体系　　活动大陆边缘

外来地块　　　　　　　　　　北秦岭　弧后盆地　华北陆块

(c) 早志留世

商丹缝合带　　二郎坪缝合带

外来地块　　北秦岭　　华北陆块

(d) 二叠纪

秦岭洋　　活动大陆边缘

扬子陆块　　　　　外来地块　北秦岭　华北陆块

(e) 中-晚三叠世

早中生代秦岭造山带格架　　　　北→

扬子陆块　　外来地体　北秦岭　华北陆块

勉略缝合带　商丹缝合带　二郎坪缝合带

(f) 晚侏罗世

晚中生代秦岭造山带

大巴山　南秦岭

扬子陆块　　侧向逃逸　　北秦岭　华北陆块

外来地体

陆内俯冲

大洋地壳

蛇绿混杂岩

岛弧岩浆

图 4-3　秦岭造山带二维演化模型

的锆石 U-Pb 年龄为(133.8±1.1)Ma,太白山花岗岩的锆石 U-Pb 年龄为(124.4±1.3)Ma。根据对角闪石矿物形成时的温度和压力计算,确定太白山花岗岩形成时所处的深度为 12 km。太白山花岗岩现今已出露于地表,因此自晚白垩世开始至少有 12 km 厚的上覆地壳物质被剥露掉。

山脉隆升/剥露速率的变化可依据花岗岩体冷却速率的变化来推断。冷却速率快指示隆升速率快,冷却速率慢反映隆升速率慢。依据磷灰石和锆石裂变径迹热年代学的详细分析,目前已很好地界定了太白山和华山花岗岩体在新生代的冷却历史。分析结果显示,太白山和华山花岗岩都是从始新世开始冷却,并经历了早期相对快速、中期缓慢和晚期快速的冷却速率变化。早期冷却发生在距今 50 Ma～25 Ma 期间,冷却速率为 3 ℃/Ma;距今 25 Ma～10 Ma 为花岗岩相对缓慢冷却阶段,冷却速率为 1 ℃/Ma;从大约距今 10 Ma 开始,花岗岩的冷却速率达 5 ℃/Ma。太白山和华山花岗岩的冷却速率变化反映了新生代秦岭山脉的剥露/隆升历史,即秦岭山脉在始新世-渐新世中期开始相对快速隆升,但隆升过程在渐新世晚期-中新世早期明显变缓。秦岭山脉自晚中新世发生快速隆升,并延续到第四纪。沿秦岭山脉北缘和在渭河盆地内部,断裂运动现今仍十分活跃,并引发多次 6～8 级地震。1556 年华山北缘断裂活动引发了华县 8 级大地震,1568 年渭河断裂活动又引发了西安东北部 6.7 级大地震。

秦岭山脉的隆升与北侧渭河盆地的沉降同时发生,它们是在同一构造环境下形成的。控制渭河盆地沉降和沉积作用的主要断层为秦岭北缘断裂和华山山前断裂,如鄠邑区沉积中心受控于秦岭北缘断裂,而固市沉积中心受控于华山山前断裂。由于主要受秦岭北缘断裂的控制,渭河盆地南部沉降非常强烈,新生界鄠邑区和固市沉积中心的厚度达 6000～7000 m。

渭河盆地新生代地层自晚始新世开始发育,与秦岭山脉开始隆升的时间基本一致。目前学者对渭河盆地的地层单元划分和地层时代已开展了长期研究,建立了完整的地层层序。位于渭河盆地南缘的蓝田地区新生界最底部为红河组,由一套冲积扇和河流沉积组成。红河组在盆地边缘约 250 m 厚,但在盆地内部厚度可达 1000 m。晚始新世-早渐新世白鹿塬组由灰白色砾岩、砂岩和泥岩组成,为冲积扇与河流沉积。白鹿塬组在盆地边缘与红河组呈不整合接触,厚 200～400 m,但在盆地内部与红河组为连续沉积,厚度达 2000 m,以湖泊和三角洲沉积为特征。渭河盆地在渐新世晚期-中新世早期发生抬升,秦岭山脉也在此阶段被强烈剥蚀和夷平。中新世冷水沟组与下伏白鹿塬组为不整合接触,但向上与寇家村组为连续沉积。冷水沟组和寇家村组在盆地边缘由砾岩和砂岩以及少量泥岩组成,代表盆地边缘的冲积扇和辫状河流沉积体系。这两个地层组在盆地内部则为细粒沉积相,指示湖泊沉积环境。中新世晚期-更新世地层自下而上分别为灞河组、蓝田组和三门组,是一套湖泊沉积,累计厚度可达 2500～3000 m。从晚中新世开始,渭河盆地湖泊沉积体系不断增大,形成了所谓的"三门湖"。

秦岭山脉的隆升与渭河盆地的沉降在时间和空间上完全耦合,它们构成了一个伸展构造环境下完整的山-盆系统。孟庆仁结合前人研究成果恢复了秦岭山脉与渭河盆地在发展过程中的耦合关系(见图 4-4)。秦岭山脉实际上是秦岭造山带北部或北秦岭在新生代发生隆升而形成的。晚白垩世-古新世期间,北秦岭和华北克拉通南缘处于右旋压扭性构造环境。挤压构造作用导致北秦岭发生抬升和受到长期剥蚀,中生代形成的构造地貌被夷平[见图 4-4(a)]。古新世秦岭造山带的夷平使得中国南、北方动物可以广泛迁移和交流,始新世区域性伸展作用导致秦岭北缘正断层的形成和发展。作为断层下盘的北秦岭发生翘倾抬升,而位于上盘的华北克拉通南缘则发生断陷[见图 4-4(b)]。太白山和华山早白垩世花岗岩的冷却历史明确记录了始新世-渐新世期间秦岭的隆升过程,而红河组和白鹿塬组的发育则指示渭河盆地也是自始新世-渐新世开始沉降和沉积。上述地质事实共同反映秦岭山脉是自始新世开始形成的。秦岭山脉的隆升并不是一个连续过程。渐新世晚期-中新世早期,秦岭北缘断裂由早期正断层转变为左旋压扭活动,导致秦岭山脉停止隆升。与此同时,渭河盆地也停止沉降,缺失渐新世晚期-中新世早期沉积,中新统冷水沟组与下伏地层之间出现不整合面[见图4-4(c)]。秦岭山脉在这一时期的夷平也得到了古脊椎动物活动和分布的证实,因为新近纪早期秦岭山脉内部的动物与外界保持了很好的交流。经过相对短暂的剥蚀和夷平,秦岭山脉大约从距今 20 Ma 又开始继续隆升,但在距今 20 Ma～10 Ma 期间隆升速率相对缓慢。渭河盆地也恢复了沉降,沉积了冷水沟组和寇家村组[见图4-4(d)]。与秦岭山脉缓慢隆升相对应,渭河盆地的沉降幅度在距今 20 Ma～10 Ma 期间也较小,冷水沟组-寇家村组的厚度一般小于 1000 m。秦岭山脉在晚中新世开始大规模快速隆升,并且一直持续到第四纪。渭河盆地也同时发生强烈沉降,导致盆地可容空间快速增大,造成湖泊沉积体系的广泛发育,形成了分布面积广阔的"三门湖"[见图4-4(e)]。

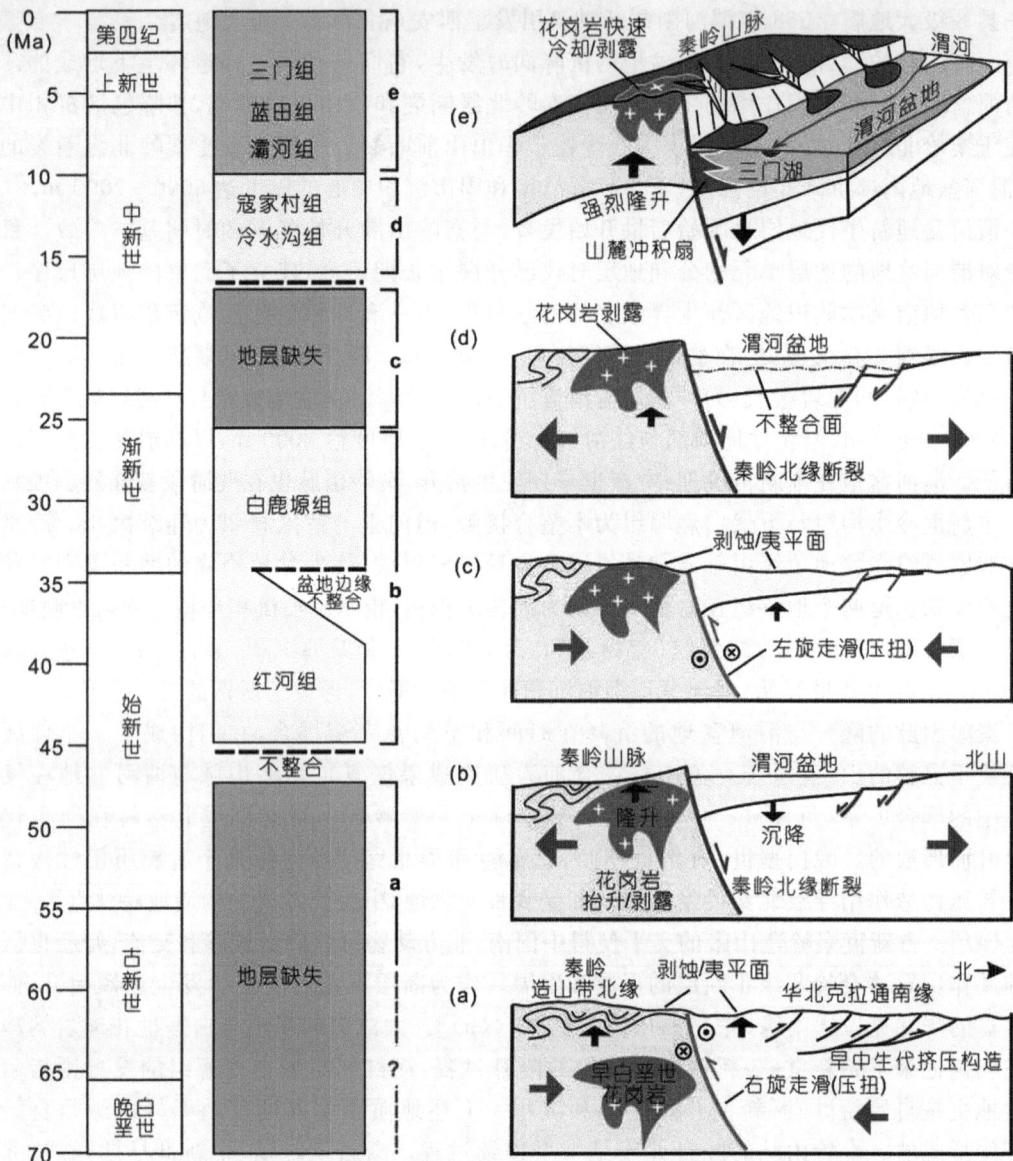

图 4-4 渭河盆地的地层序列和秦岭山脉的形成过程

秦岭山脉的隆升和发展与伸展断裂的活动直接相关。正断层的活动一方面造成上盘沉降而形成裂谷盆地,另一方面导致断层下盘由于上覆岩石的卸载而发生翘倾式均衡抬升。秦岭山脉新生带隆升正是其北缘断裂活动的结果,即由于上盘岩石的卸载而发生均衡反弹。始新世-渐新世时期,秦岭北缘断裂还不是一个连续的大型正断层,而表现为一系列东西向延伸的小型正断层。渭河盆地在始新世-渐新世时期曾发育多个独立的小型断陷盆地,它们的沉降和沉积作用正是受当时秦岭北缘小型正断层控制。小型正断层的垂向断距不大,因此其下盘的翘倾抬升幅度也相对较小。因此,秦岭山脉北缘早期小型正断层仅仅导致秦岭山脉发生缓慢和小幅度的隆升。到中新世晚期,秦岭山脉北侧小型正断层已互相连接,形成一个侧向延伸大于 300 km 的大型正断层,即秦岭北缘断裂。秦岭北缘大型正断层活动导致秦岭山脉经历了新生代以来最为强烈和快速的隆升,同时也造成渭河盆地发生大规模的沉降和扩展。因此,现今高耸的秦岭山脉主要是在晚中新世-第四纪时期形成的。

第二节 商洛市区域地质构造单元

按地质构造特征及区域地质发育的差异性来说,以铁炉子-楼村-灵口一线为界,将商洛市分为两大地质构造单元:以北属华北准地台南缘的商渭台缘褶皱带,也即前人划分的豫西褶皱带;以南属秦祁地槽的东秦岭褶皱系。

一、华北地台(商渭台缘褶皱带)

1. 太华下元隆起

太华下元隆起位于本区北缘路家街向斜以北,是由太古界太华群深度变质岩系组成的一个复背斜构造。其主要岩性是一套片麻岩夹大理石岩,混合岩化强烈,上部以片麻岩为主,下部以石英砂岩、大理岩及片麻岩为主。区内仅出露复背斜构造南翼,因多旋回的构造变动和火成岩及断裂的干扰破坏,使其外貌残存不全,在燕山期花岗岩、花岗斑岩侵入体附近,有多金属矿产形成。

2. 石门下古凹陷

石门下古凹陷位于太华下元隆起以南,兰桥-楼村-灵口深断裂以北。它主要包括路家街向斜、石门背斜和楼村向斜,出露有震旦亚界、寒武系地层。洛南木龙沟铁矿(镁矽卡岩型)赋存于路家街向斜翼部蓟州区系的龙家园组合巡检司组的碳酸盐岩地层中的断裂带附近。

断裂以东西向为主,岩浆岩仅分布于韩家坪、麻坪以东的黑山,木龙沟一带多系花岗岩、花岗斑岩、闪长岩、正长斑岩,其时代属三叠-白垩纪。区内断层发育,大体分为近东西向和北东向两组,以前者发育,横亘全区,长约 10～60 km,形成时代相当于古生代,常被后者切穿。近东西向断层,由北而南有菜子湾断裂、上庙逆断层、黑山逆断层、上水岔正断层和石坡、石门许家庙逆断层,多倾向北。北东向断层仅孤山、黑山、木龙沟断层规模较大,长约 27 km,其他北东向断层一般规模较小,剪切性质明显,在韩家坪一带切穿了三叠纪花岗岩,时代属中生代后期。在两组断裂交错部位,有白垩纪石英闪长岩、花岗斑岩侵入,在岩体近旁形成矽卡岩型的铁矿。

二、秦祁地槽(东秦岭褶皱系)

1. 加里东褶皱带

加里东褶皱带位于兰桥-灵口一线以南,杨斜-商南复活断裂以北,主要为蓟州区系的宽坪组和陶湾组,寒武-奥陶系地层分布区,褶皱复杂,区域变质较深;蟒岭、牧护关地区有侏罗纪的花岗岩分布,断裂多属自古生代以来形成的复活断裂,均做近东西向展布。

大桃岔复背斜(包括蟠龙山背斜、蟠河背斜和其间夹持的板桥向斜),均由震旦亚界地层组成;南翼被金陵寺-三条岭断层破坏,与复背斜的北翼形成洛南古、中、新凹陷盆地,为由二叠系、三叠系、白垩系和第三系地层组成的开阔向斜。二叠系的砂、页岩层夹有可供开采的煤层。

花棠坪复背斜构造由于多期岩浆岩侵入破坏,构造复杂错乱,主要背斜构造位于花棠坪-黑龙潭一带,北翼次一级构造有峦庄向斜和黄柏岔背斜。

区内断裂主要有八条,由北向南为:①洛南正断层,断面倾向南;②兰桥-三要复活断裂,长约 100 km,属断面倾向北的正断层,切穿了震旦亚界-第三系地层,在断层的西端铁炉子一带有热液铅锌矿和磁铁矿分布;③金陵寺-三条岭复活断层长约 80 km,为一倾向北、东北延展的逆断层,它切穿了蓟州区系、下古生界、三叠系-白垩系地层,沿断裂带有蟒岭花岗岩、大河面基性岩体出露,在丹凤县北缘的皇台一带被北西向断裂切穿,交错部位有矽卡岩型铜矿床形成,这一断层同时控制了商州-高耀的中生代断陷盆地的形成;④商州-高耀复活断裂,长约 100 km,做东西向延展,切穿了蓟州区系-第三系地层,在商州盆地为第四系所覆盖,它与金陵寺-三条岭断层共同控制了商州-高耀中生代断陷盆地(商县-高耀断陷盆地,西起熊耳山,东至高耀,主要分布有古生界、三叠系和白垩系地层,在商州一带形成了一个开阔的向斜构造,向东转化为向北倾斜的单斜构造)的形成,沿断层南侧有白垩纪和泥盆纪花岗岩、花岗闪长岩广泛分布;⑤分水岭-安基坪断层长约 50 km,在两地有泥盆纪超基性岩侵入,并有铬、镍矿伴生,属古生代;⑥金陵寺-大庙沟复活断裂,长约 45 km,倾向南西,基本控制了中生代丹凤断陷盆地的形成;⑦⑧为商丹盆地南北两侧的断层,分布于商州-丹凤的丹江流域的新生代断凹盆地,其南北两侧均以断层与老地层接触,是由第三系构成的宽缓的向斜构造,两端叠加于中生代盆地之上。

2. 华力西褶皱带

华力西褶皱带位于营盘-杨斜-商南复活断裂以南,两河-凤镇-牛耳川-竹林关复活断裂以北,基本上与中、上泥盆统和下石炭统地层分布区相吻合,并以复理石沉积为特征,最厚约达 8360 m;震旦、寒武、奥陶系地层在本区西部和南部零星出露,以碳酸盐岩沉积为主,厚度仅 142 m;中、新生代为陆相堆积,零星分布。

火成岩见于营盘、柞水、东岳庙、迷魂阵、九华山、秦王山、小河口、袁家沟、园子街、龙头寺、池沟一带,多系中生代侏罗纪花岗岩,沿北北西向断裂分布,与本区的矽卡岩型铜矿和多金属矿生成有密切关系,如小河口铜矿,大西沟的锌、铅、铜、银矿。在上泥盆统与下石炭统地层中有大型沉积铁矿,如柞水大西沟铁矿。

区内褶皱发育。凤凰寨复向斜的轴部为下石炭统二峪河组,南部由上泥盆统下东沟组及中泥盆统青石垭租、池沟组、流岭组地层组成;向西倾伏的复向斜的轴部受流岭槽断裂破坏,北翼被九华山花岗岩吞没。位于凤凰寨复向斜上移动的王庄一带的王庄复背斜,为一北西西向紧闭的狭长线状复背斜。王庄复背斜之南有四沟复背斜,由中泥盆统地层组成,形成扇形构造,山阳新生代山间凹陷盆地展布于该复背斜的南翼。凤凰寨复向斜以西的柞水地区,亦为一巨大的复向斜,北翼受花岗岩基破坏,南翼倾角 20°～50°,近轴部叠加许多次一级褶皱,在南侧复活断裂带又被迷魂阵火成岩所破坏。

区内断裂发育,多呈北西西向延伸,主要有营盘-杨斜-商南复活断裂,长约 150 km,破碎带宽 50～200 m,切穿了震旦亚界到第三系地层,沿断裂带有泥盆纪、三叠纪、侏罗-白垩纪的侵入岩分布,为一正断层。从断层两侧不同时代地层接触关系和超基性岩浆分布来看,该断层规模大,形成早(早古生代),活动强。两河-凤镇-牛耳川-竹林关复活断裂,亦做东西向延展,造成南北部沉积岩相的差异和小规模的古近纪红盆的生成,同时也控制着许多小岩体及伴生矿产。显然这是一个长期活动的深断裂,与之有联系的次一级羽状支断裂发育,该深断裂为一向北倾斜的逆断层,切穿了震旦亚界到第三系地层,岩层断裂带分布有板板山侏罗纪花岗岩,小河口和小磨岭花岗岩、角闪岩、角闪花岗岩;梁家坟-太吉河有古生代基性及超基性岩浆分布。

3. 印支褶皱带

印支褶皱带位于两河-凤镇-牛耳川-竹林关复活断裂以南,陕鄂边界和安康市以北。褶皱发育,较大断裂有镇安-板岩-长口沟-耀岭河断裂,它切穿了古生代、中生代地层,具有深断裂性质,形成于下古生代。北西西断层在西部特别发育,东部多系东西向断层,形成时代多属于印支期。火成岩见于本区东、西两端,西部木王地区的花岗岩属胭脂坝岩体的一部分;东部火成岩出露于板板山、耀岭河、赵川背斜一带,多为花岗岩、基性岩、超基性岩和角闪斜长岩。区内的东、西向深断裂,是造成南北自古生带以来沉积建造不同的主要原因。

震旦亚界地层零星出露于耀岭河、赵川等地,寒武-奥陶系则以柴坪、达仁、木王区出露较多,上古生界地层极为发育,分布广泛,为碳酸盐岩和碎屑岩建造,其中的上、中石炭统夹有大量火成集块岩,厚度达六七千米;在金鸡岭南出露的二叠、三叠系地层为复理石建造,厚达 4500 m。

本区褶皱有镇安复向斜,包括石磨子-峡口向斜、凤镇-塔寺背斜、冷水沟脑-大坪背斜等;其南还有金鸡岭向斜、柴坪复背斜、南宽坪向斜;东部有冷水沟向斜、耀岭河背斜及赵川背斜等。

第三节　区域地质构造简史

商洛市经历了长期的地质演化历史,其形成与演化分为前晋宁-晋宁阶段、震旦纪-加里东阶段、华力西阶段、印支阶段、燕山-喜马拉雅阶段五个阶段。

一、前晋宁-晋宁阶段

前晋宁-晋宁阶段(8 亿年以前)是华北地台、扬子地台的形成阶段。华北地台的形成期主要是吕梁运动期,在中元古代期间,其南部是以宽坪群为代表的大陆边缘褶皱带,如今的商丹断裂带相当其对接部位。

扬子地台主要是在晋宁运动期形成的,它从陆核演化为地台所经历的时间和发展阶段,比华北地台要长得多,这可能是华北地台与扬子地台性质不同的主要原因。

晋宁运动期扬子地台北缘已扩展到秦岭的佛坪、宁陕、镇安、柞水、山阳地区,在这些地区发现了与扬子地台相同的陡山沱组、灯影组的分布,表明在晋宁期后扬子地台已经由众多的地块集结和汇聚为一个相对稳定的地台,才有可能在它的上面覆盖相同的盖层沉积。

二、震旦纪-加里东阶段

这个时期,特别是加里东时期,是商洛市显生宙发展阶段中第一个重要发展阶段。在震旦纪-加里东期具有相当规模的扬子板块会在它的北部有一个复杂大陆边缘与华北板块的南部大陆边缘遥相对应,成为控制秦岭发展演化的首要条件。

加里东时期华北板块南部大陆边缘的代表性地层-岩性组合是云架山群、斜峪关群和二郎坪群,这是一套变质火山-沉积岩系,具边缘海盆地型组合特征。这个大陆边缘的性质可能为活动大陆边缘,俯冲带的方向是向北倾斜的。

震旦纪早期扬子地台的北部边缘有一次较大的增生,形成了以秦岭群为代表的晚元古代褶皱带,使扬子地台的北缘由宁陕-柞水-山阳一线向北移到商州、纸房、太白附近。晚元古代末期的构造运动就是兴凯运动对秦岭的影响,主要有以下三个方面的表现:第一是形成了以秦岭群为代表的大陆边缘褶皱带,使扬子板块的北缘得到增生;第二是使扬子板块的北部边缘发生东西方向的张裂,从川陕交界的大巴山向北到宁陕、柞水,形成南北向的裂陷构造带,它是在挤压条件下所诱导出来的横张作用的结果;第三是促使北秦岭南北张裂成为东西向扩张脊,导致北秦岭北部斜峪关群、云架山群、二郎坪群的形成,并成为华北板块南部边缘和扬子板块北部边缘共有的组成部分。加里东早期两个板块的边缘均属活动大陆边缘,它的扩张带可能就在草凉驿-北宽坪-明港和商州-朱阳关-夏馆断裂带。

加里东时期秦岭地区主要经历了一场扩张裂陷运动,这场裂陷运动有两种方式:一种呈南北向分裂,形成东西向的扩张脊,使华北、扬子板块间的边缘盆地有所扩张形成陆间性质的过渡性洋壳;另一种呈东西向分裂,促使扬子板块北部大陆边缘复杂化,在东西向大陆边缘的基础上产生南北向的板内裂陷构造带。加里东时期可进一步分为两期,即加里东早期和加里东晚期。加里东早期的裂陷作用主要发生在东经109°以西,在紫阳、汉阴、石泉、宁陕一带以发育地槽型早古生代火山-沉积建造为主要标志。加里东晚期,大致在中志留世以后又有一次分裂作用,除西部继续保持原有裂陷沉积作用外,还使东经109°(沿乾佑河)及其以东地区发生新的裂陷,沉积了可能包括上志留统在内的以及下、中泥盆统的广泛沉积。

加里东期的分裂作用不仅使扬子板块北部边缘区复杂化,而且使完整的扬子板块发生破碎,形成大小不一的地块和原地体(微板块、微地块),如武当地块、汉南地块、佛坪地块、商丹地块、迷魂阵(原)地体、板板山(原)地体等。地块与地块或地块与地体作为一个相对独立的单元,也有它自身的海域系统,可形成与其他构造单元不同的建造组合系统,并以此作为划分的标志。例如:旬阳的大红崖、镇安的乾佑河、柞水的车房沟地区是地块之间相对裂陷较强的坳陷地区,沉积了相对活动的建造组合;旬阳公馆地区、山阳长沟-老沟地区是武当地块本部边缘的滨海地区,沉积了相对稳定的建造组合;柞水、镇安之间的迷魂阵地区则为原地体沉积建造组合。

三、华力西阶段

华力西运动是北秦岭和商洛最重要的构造运动,它包括早期阶段的扩张裂陷运动和中晚期的收敛、俯冲、对接运动。

1.华力西早期

大约在晚泥盆世以前,扩张裂陷作用仍然沿着两个方向进行。第一个方向是在北秦岭的南部,由于地块与地块主要在南北方向上移离,形成了丹凤群,它是由商丹地块、高冠峪地体和太白地地块与扬子板块的位移以及它们之间的分裂而形成。这种移离与分裂作用的发生是从志留纪开始到泥盆纪结束的。据张国伟的研究,丹凤群岩石组合特征属岛弧-边缘海型,它和秦岭群是华北板块南部活动边缘的代表。前已述及秦岭群是扬子板块北部晚元古代的褶皱带,在显生宙转变为岛弧,与以斜峪关群、丹凤群为代表的过渡性洋壳共同组成扬子板块北缘的沟-弧-(边缘)海的活动大陆边缘。秦岭群岛弧南侧的丹凤群代表的弧后边缘海盆地的规模取决于移离的地块与扬子板块分离的远近和作用的程度。

裂陷作用的第二个方向是在丹凤断裂以南沿着东西方向进行,继续形成南北向的裂陷构造带。南区在乾佑河以西以及中、北区在金钱河以西的裂陷带继承早古生代志留纪的沉积作用,形成了深海和次深海环境下地槽型的建造组合。其东是在武当地块西部边缘的基础上,形成了以公馆地区、长沟地区、二峪河地区为代表的碳酸盐台地和碎屑岩台棚相区的沉积建造组合。

东西扩张的不均匀性作用导致南北向构造中次级东西向断裂的产生,这种类似转换断层的东西向构造又和扬子板块北缘的进一步复杂化破碎地块的位移及分离联系在一起。也就是东西向的裂陷作用除破碎地块、地体发生东西向的运移外,还会产生位移量不等的南北向移离。这里的位移既包括水平的,也包括垂直的,这就是山柞旬地区南北向裂陷构造带中的岩性、岩相、建造相和建造组合特征,不仅沿着东西方向发生变化,而且也沿着南北方向发生变化的原因。

在南北构造带中有三条重要的东西向断裂,即丹凤断裂、镇安断裂和安康断裂,是划分构造单元的重要因素。

北区泥盆系的位置十分独特,具有多重构造的复合特征。在南北方向,它是扬子板块北部大陆边缘的弧后盆地靠近大陆的方面,具冒地槽特征;在东西方向,它是扬子板块北部东西向伸展作用所形成的南北向裂陷构造。这里成为东西、南北向构造复合部位,为沉积岩系提供了良好的沉积场所,为成矿作用提供了赋存的空间,是热水喷流成矿作用的理想地区。

2.华力西中晚期

晚泥盆世或早石炭世以后,北秦岭和本区的构造运动发生了重大的转折,由以前的扩张、分裂转为收敛和碰撞。在大陆边缘形成弧-陆叠接带和大陆板块之间的对接带或碰接带。王鸿祯认为确定叠接带或对接带的主要标志是:变质-侵入岩带和磨拉石带以及构造格局的变更。

(1)北秦岭褶皱带是在华力西期形成的复杂构造带。它是华北板块南部边缘叠接褶皱带、扬子板块北部边缘叠接褶皱带以及两个板块相互对接的碰撞带。这是根据近几年秦岭地区关于变质岩带、花岗岩带、火山岩带和构造特征的最新资料得出的新认识。华北板块南缘叠接褶皱带,是商州-太白扩张带以北由云架山群、斜峪关群为代表的过渡性洋壳和以原宽坪群为岛弧所组成的地壳块体向北面的华北大陆板块俯冲、碰撞叠接的结果。华北板块南缘叠接褶皱带是在早石炭世和二叠纪之间形成的。

(2)扬子板块北缘叠接带是商州-太白扩张带以南由丹凤群、斜峪关群、草滩沟群为代表的过渡性洋壳和以秦岭群为岛弧所组成的地壳块体向南面的扬子板块俯冲、碰撞叠接的结果。扬子板块北缘叠接带是在早石炭世以后形成的。

(3)华北板块南缘叠接褶皱带和扬子板块北缘叠接褶皱带的形成,和扬子板块与华北板块的相互对接基本上是同进或大致同时进行的。它们的结果是使北秦岭成为一个统一的对接褶皱带,对接的时代为:西部的草凉驿地区在早-中石炭世,向东逐渐推迟为中石炭世-二叠纪或三叠纪。柳叶河-蟒岭南部断陷中的石炭-二叠系陆相磨拉石建造,是两个板块对接碰撞的直接证据,秦岭群的进一步变质、混合花岗岩化带的形成也是它们对接的结果。

四、印支阶段

印支期的构造运动是本区又一次重要的构造运动发展阶段,这次运动后改变了秦岭构造的格局,结束了海相沉积的历史。

(1)印支期构造运动首先在北秦岭,即扬子板块与华北板块的进一步碰撞中表现出来。在板块的对接、叠接到形成褶皱带,经历了一个漫长的发展阶段。

扬子板块与华北板块的拼合、对接可能是从中石炭世以后一直到二叠纪,最后碰撞可能是从二叠纪到三叠纪。碰撞作用不仅影响到两个板块之间的接触处,而且会波及南北两侧的弧-陆叠接带、板块边缘带以及大陆板块本身。碰撞作用总是和过渡性洋壳(边缘海洋盆)的俯冲或仰冲伴生在一起的,这种作用可导致变质、混合岩化带和花岗岩化带的形成。俯冲可导致下行板块深部熔融的上升和上行板块底部岩石圈地幔的部分熔融上升,侵入到弧-陆叠接或板块边缘的褶皱带,形成华力西-印支花岗岩带,以及在适当构造条件下引起丹凤蛇绿岩带的构造侵位。

(2)镇安断裂和安康断裂之间的旬阳带是南秦岭印支褶皱带的主体,从泥盆纪至三叠纪的地层基本上都是连续的。

旬阳褶皱带属扬子板块北部边缘的南北裂陷带,由于扬子板块北缘过渡性洋壳向南俯冲以及北缘弧-陆叠接向南推挤,加上扬子板块向北移动,从而使该区发生南北方向的挤压,形成东西向印支褶皱带。至此,结束了整个山柞旬地区南北裂陷带的历史。

五、燕山-喜马拉雅阶段

扬子板块、华北板块的对接、碰撞是从中石炭世开始到印支期完成的,燕山时期以来属板块内部变形演化阶段。

首先燕山-喜马拉雅期的板内变形运动,包括继承和持续华北、扬子板块的碰撞体制,从而产生由北向南的逆冲与推覆。秦岭地区大规模的推覆构造是在这个阶段形成的。同时为适应区域应力场的均衡调整的需要而出现的平移断块,形成了现今雄伟壮观的秦岭山脉,形成一些断陷盆地。其次是由于太平洋板块对中国板块的俯冲作用,在秦岭地区叠加了北北东-北东方向的构造以及侵入了中酸性成矿小岩体。

中生代叠加的断陷盆地,沉积了陆源物质的河湖相砂、页岩及煤层。本区地表构造特点,经燕山运动后,骨架基本形成。第四纪的喜马拉雅运动承继性的又重新发生断块分异运动,在山间形成红色小盆地,堆积了红色砂砾岩、黏土互层的陆屑沉积。第三系红层堆积,反映了当时高温湿热的气候特点。第四纪以来的新构造运动,使地壳又发生错断分异上升运动,第三系红层发生错断和褶曲,第三纪的红色盆地如窑口、石门盆地亦随地体上升,并受到不断完整化的河流切割,间歇性掀升伴随河流的下切,普遍沿大河形成三级或四级阶地及基岩谷内叠嵌套结构。

第五章
东秦岭(商洛市)主要实习区

第一节　商南县金丝峡国家地质公园嶂谷地貌与
水文岩溶地质遗迹

一、金丝峡地质公园概况

商南金丝峡国家地质公园位于陕西省商南县境内的西南部新开岭腹地,是 2009 年获批的第五批国家地质公园。公园内地质遗迹以岩溶峡谷地貌为主体,兼有多级瀑布、多期溶洞、不同类型的岩溶泉及典型平移走向断裂构造地质遗迹等,有"峡谷奇观,生态王国"之称。金丝峡地质公园内完整、系统地保留了石灰岩嶂谷地貌的形成、演化的各种地质遗迹以及区域地层层序,因为人为扰动现象很少,主要地质遗迹保存完整。金丝峡地质公园有良好的原始自然状态,有保存完整的石灰岩嶂谷地貌、13 级连续瀑布和薄层灰岩、典型连续褶皱等地质现象。

(一)区域地质构造

金丝峡国家地质公园位于秦岭东段南麓,居长江流域汉江水系丹江中游地区,主要属低山和丘陵地貌,所处区域属秦岭造山带基本构造单元中的扬子地块北缘南秦岭段。秦岭造山带是在晚太古-中元古代洋陆间杂构造背景下形成的构造基础上,于晚元古代-中三叠世经历现代板块构造运动,华北、秦岭、扬子三板块依次沿商丹和勉略两条缝合带由南向北俯冲碰撞造山,从而奠定了秦岭造山带的基本构造格局,并由于后造山期强烈的陆内造山作用的叠加改造,终成今日所见的复杂面貌。

秦岭造山带的形成演化可以概括为三个主要的构造演化阶段:晚太古代-中元古代造山带基底的形成阶段;晚元古代-中三叠世以现代板块构造体制为基本特征的板块构造演化阶段;中新生代陆内造山作用与构造演化阶段。秦岭板缘构造演化的复杂性,是由于它在总体收缩汇聚的基础上,又复合了相对扩张作用,特别是当勉略缝合带扩张最大时,必然引起秦岭微板块的向北推进,所以又加速了商丹缝合带的收缩碰撞。秦岭总体处于南缘扩张拉开阶段时,出现勉略洋盆,而北缘商丹缝合带正在慢速收敛会聚,两者统一控制着这时期的秦岭板块构造碰撞造山进程。秦岭在板块俯冲碰撞造山之后,并未平静稳定下来,而是又发生了强烈的板内造山作用。所以今天的秦岭山脉是在主造山期板块构造所奠定的基本构造格架的基础上,由中新生代强烈的陆内造山作用所形成的。

(二)岩溶地质背景

秦岭以晚元古代和古生代为主的碳酸盐岩主要分布在中秦岭地带,其特点是分布狭窄,面积小,厚达几千米,普遍经历程度不同的变质作用,且常具碎屑岩夹质或互层,厚度和岩相变化比较显著,以晚古生代碳酸岩系为主。由于秦岭挡住了东南潮湿气流的北上和北方寒流的南下,致使该处年均降雨量一般在 800~900 mm 甚至 1000 mm 以上。因此,对中秦岭那些零散分布的各个岩溶区来说,既有较多的大气降水,又有来自非岩溶区的丰富的外源水,从而在某些地点发育了峰丛洼地和多种岩溶形态。

秦岭自印支运动褶皱回返后,一直都在持续抬升,但抬升的幅度不大,直到第四纪早更新世末或中更新世初才急剧抬升。另外,根据秦岭北坡哺乳动物群的时代及溶洞相应的高差,推知秦岭东段在早更新世晚期至中更新世的抬升速率为 0.11~0.16 mm/a。一般说来,潮湿多雨的环境,有利于溶洞的形成;地壳稳定时期,地下水面相对稳定,沿河流两侧往往会形成水平溶洞;在地壳阶段性抬升时,往往会形成成层的水平溶洞。溶洞本身是稳定潮湿环境的产物,相邻两层水平溶洞之间的高差,反映了两次稳定期之间地壳的抬升程度。基于此,位置越高的溶洞,其形成时间越早。在距今 50 万年以来的不同时段,秦岭的抬升是波动式的,时强时弱,时快时慢。同时据溶洞还可看出,中更新世以来秦岭抬升速率的总趋势是时代越新,抬升速率越大,特别是从中更新世晚期开始,这种越来越强的趋势更为明显。

(三)沉积过程和岩溶地层

商州-商南盆地在渐新世至中新世接受沉积,早期由于周围山地的强烈剥蚀作用,使得盆地内沉积了巨厚的洪积相砾岩,经过这种"填平补齐"的沉积作用后,盆地基底比较平坦开阔,继之发育了河湖-沼泽相沉积。盆地的岩性为棕红色泥岩、砂质泥岩、砾岩和砾状砂岩,时代愈晚,砾岩愈多。

地质公园属地的沉积是一个不连续的沉积过程。从晚元古代的震旦纪到早古生代的晚奥陶世,公园属地为一个基本连续的沉积过程,商南片区缺志留纪地层,表明在志留纪,公园属地上升为陆,沉积停止,公园内的古溶洞大致也应是在此时期形成的。

晚古生代的泥盆纪、石炭纪,是海侵全盛时期,在板块运动及区域构造作用下,柞水-商南一线沉积巨厚,表明公园属地商丹断裂以南再次沉入海中,形成公园属地的二次沉积。

中生代晚期白垩纪、新生代早期第三纪,公园属地接受河湖沉积,形成今天商南至富水的第三纪红层(见图 5-1)。

图 5-1 商南白云岩与第三纪红层剖面

(四)地层类型

金丝峡国家地质公园所在区域是在山阳-凤镇断裂以南的区域,在地层和构造上主要有耀岭河群、陡岭群、震旦系灯影峡组及陡山坨组、寒武-奥陶系等。

1. 耀岭河群

耀岭河群是指分布于商南耀岭河流域的不整合于震旦系灯影峡组之下的一套变质火山岩。在武当山地区,耀岭河群夹持于武当山岩群与扬子型碳酸盐岩盖层之间,上、下接触关系均为滑脱面。在商南和镇安地区,下与陡岭岩群(或太古元古界杂岩)为断层接触关系,上与不同地层单元也为断层接触关系。武当山穹隆及其周边地区的耀岭河群形成于板内拉张构造环境或裂谷谷地环境,而南秦岭构造带北缘及安康凤凰山地区的耀岭河群形成于岛弧构造环境。

耀岭河群东西横贯公园属地,北侧为山阳-凤镇深大断裂,南侧与陡岭群以断层相接,东部有花岗岩体侵入。其岩性为:上段以灰黑色碳质绢云千枚岩为主,夹有灰绿色钠长绿泥片岩→绿帘绿泥钠长片岩→浅灰绿色绢云绿泥钠长片岩、绢云石英钠长片岩组成的岩性韵律层的反复叠置,并夹有多层绢云石英片岩及大理岩薄层;下段以灰绿色绿泥钠长片岩、钠长绿泥片岩为主,顶部夹灰白色大理岩薄层。

2. 陡岭群变质杂岩(简称陡岭群)

陡岭群形成于早元古代,自形成以来遭受了多期强烈变质作用和热事件。陡岭群变质岩石遭受过多期变质变形作用和混合岩化作用的改造,变质程度达角闪岩相。陡岭群中岩浆活动强烈,以酸性岩和中性岩最为发育,而且具多期活动的特点。由于受到大量岩浆侵入体的穿插吞噬,出露面积仅约 450 km²,呈北西西-南东东向的楔状分布。

3. 震旦系灯影峡组及陡山坨组

上元古界震旦系可分为两个组,自下而上为陡山坨组和灯影峡组。在公园属地湘河街以北、耀岭河街以南地区、赵川穹隆以北地区广泛分布。在金丝峡公园主景区,陡山坨组和灯影峡组呈东西向条带状分布,陡山坨组岩石主要为白云质灰岩、硅质白云岩、下部为页岩、砂质页岩,局部有砾岩,灯影峡组岩石主要为微晶白云岩、含藻白云质灰岩、灰岩夹砾岩、页岩。

从陡山坨组开始,生物界发生了明显变化,软躯体后生动物繁盛,海绵动物出现,以褐藻、红藻、绿藻为代表的高级藻类辐射,表明陡山坨组开始了一个生物演化的新纪元。在陡山坨组,动物界有两大门类出现,即蠕形动物和海绵动物。蠕形动物分布广,数量多,占优势地位。灯影峡组的生物群除继承了陡山坨组的一些分子外,还出现了海鳃类,如 Charnia。灯影峡组的蠕形动物个体明显较陡山坨组的大,而且常以矿化的管状保存。

4. 寒武-奥陶系

公园属地分布着下古生界寒武系和奥陶系的岩群,西部金丝峡主园区呈带状分布,中间为奥陶系两岔口组的泥晶灰岩、豹皮灰岩、千枚岩夹互层;南北两侧依次分布:奥陶纪白龙洞组的微-细晶灰岩、白云质灰岩、夹泥灰岩、砂砾屑灰岩;寒武-奥陶系石瓮子组上段的灰色中-厚层粉-泥晶燧石白云岩、灰岩;寒武-奥陶系石瓮子组下段的灰色中-厚层粉-泥晶白云岩、砂质白云岩、白云质灰岩;寒武系岳家坪组,北部为砖红色砾状、藻礁白云岩夹页岩,南部为粉晶白云岩、藻白云岩;寒武系水沟口组,上部为碳硅质板岩夹页岩,下部为灰岩;东部冷水河宽谷地貌园区,古生代寒武系和奥陶系的岩群呈不规则块状分布。另外,寒武系的岳家坪组、水沟口组和震旦系的灯影峡组的岩群也有带状分布,岳家坪组、水沟口组主要岩性为砖红色砾状、藻礁白云岩夹页岩、粉晶白云岩、藻白云岩、碳硅质板岩夹页岩和灰岩等。

二、地质遗迹类型

金丝峡国家地质公园地质遗迹类型丰富,这些地质遗迹形成了狭窄悠长的峡谷、千姿百态的溶洞、跌宕起伏的飞瀑、垂直陡峭的峰丛、碧波荡漾的深潭等奇异的景观,成为人们了解区域地质历史的绝佳窗口(见表5-1)。

表5-1 金丝峡国家地质公园主要地质遗迹分类和特征表

主类	亚类	重要遗迹名称	遗迹地质特征	遗迹景观特点
地质地貌遗迹	隘谷-嶂谷-峡谷地貌	白龙峡、青龙峡、黑龙峡、月牙峡、冷水河嶂谷	横剖面呈"V"形或"H"形,深切,流水追踪侵蚀断裂、节理而成	崖壁直如刀劈、险峻异常
水文地质遗迹	泉水	龙泉、马刨泉、黑龙泉、水帘泉等	均为岩溶泉,连接地下暗河	水色艳丽、水质清晰、流量大、翻涌
	瀑布	锁龙瀑布、水帘瀑布、彩虹瀑布、翡翠瀑布、双溪瀑布、拂尘瀑布、魔女瀑布、冰瀑、鲨鱼瀑布、黑龙瀑布、连环瀑布、关圣瀑布、无名瀑布	地壳周期性的抬升使断崖、侵蚀作用形成的突变裂点,在隔水岩层的制约下呈阶梯状展布,使之展现出13级瀑布和形状各异的碧潭以及流量较大的岩溶泉	最大瀑布落差30 m,气势撼人、水雾冲天、潭水面积大、可驾船游览
岩溶地貌类	溶洞、地下暗河	巨型晶洞金狮洞和广泛分布的微型晶洞、黑龙洞、石燕寨溶洞(穿心洞)	方解石皮壳、钟乳石、石笋、石幕	晶莹剔透、形态各异、历史悠久
	岩溶峰丛(林)地貌	龙头峰、狮子峰、蜡烛峰、牛角峰、三才峰、旗杆峰、汗墨崖、罗汉崖、七星崖等	发育在石灰岩、花岗岩、碎屑岩之中	浑厚、俊秀、苍老、玲珑
	溶蚀遗迹	石灰华景观、溶痕、溶隙、溶孔、溶穴、溶斗	侍女献瓜、永不分离、蜂巢、如意、千佛洞	形态丰富、令人联想翩翩

主类	亚类	重要遗迹名称	遗迹地质特征	遗迹景观特点
构造地质遗迹	走滑断裂构造	北东、北西向共轭断裂，正断裂	形成石燕寨、峡谷、断崖	
	挤压性构造	黑龙峡口复式背斜、水平褶皱、直立倾伏褶皱、斜立倾伏褶皱等	对称、等厚、褶皱要素齐全	象形九龙
	伸展构造	褶叠层系统、剥离断层	顺层掩卧褶皱、顶厚褶皱、顺层韧性剪切带等	固态流变构成美丽的图案
		正断层	发育断层破碎带、断层角砾岩	断崖、断壁

（一）地质地貌遗迹

金丝峡地质公园内系统、完整地保留了震旦-寒武-奥陶系岩溶地层，以及隘谷-嶂谷-峡谷形成、演化的各种地质遗迹。公园内嶂谷主要包括白龙峡、青龙峡、黑龙峡和月牙峡，主要在白云质灰岩、硅质灰岩、燧石结核灰岩地层中形成。隘谷地貌特征是边坡陡峭或近于直立，谷宽与谷底接近一致，河谷极窄，谷底全部被河床占据。障谷地貌特征是隘谷进一步的发展，两壁仍很陡峭，但谷地比隘谷宽，常有基岩或砾石滩露出水面以上，可以通行。峡谷是隘谷和障谷进一步发展形成的。峡谷横剖面呈明显的"V"字形，有时呈谷中谷现象，谷坡陡峭，坡上有阶状陡坎（见图5-2）。

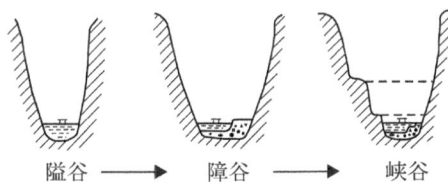

隘谷 ——→ 障谷 ——→ 峡谷

图5-2 隘谷-障谷-峡谷地貌演化示意图

1.白龙峡障谷地质遗迹

白龙峡谷呈"S"形延伸，总体上呈南北走向，系流水追踪近南北向断裂及节理发育而成，全长3.5 km，区位上在山阳-凤镇断裂以南，地层形成时代为晚震旦世，属秦岭古陆的范围（见图5-3）。白龙峡障谷为浅海、次深海相沉积，海侵方向为东南向西北，沉积的岩性为滨海相砂砾岩、页岩、白云岩。在晚震旦世，北秦岭为初始洋盆，商丹断裂已经形成，并形成南秦岭裂谷盆地与北秦岭初始洋盆的分界，商南县城以北为北秦岭初始洋盆，商南县城以南为南秦岭裂谷盆地，晚震旦系地层主要为陡山坨组和灯影峡组。

白龙峡出口处白龙门为隘谷地貌,底部宽 3~5 m,最窄处 2.5 m,高约 1100 m,两侧崖壁直如刀劈,险峻异常。隘谷地貌特征是陡峭或近于直立,谷宽与谷底几近一致,河谷极窄,谷底全部被河床占据。

图 5-3　白龙峡障谷-隘谷地貌

图 5-4　青龙峡隘谷地貌

2. 青龙峡隘谷地质遗迹

青龙峡谷呈蛇曲状"L"形先南西向后向南东向展布,系流水先追踪南西向、后追踪南东向断层破碎带及其节理而成,全长约 10 km,谷底最窄宽度 1.5 m,垂直高度 813 m。区位上在山阳-凤镇断裂以南,地层上属于震旦系的晚震旦统,地层主要为陡山坨组和灯影峡组。北秦岭仍为洋盆,商南县城以南地域的沉积构造,主要受商丹断裂、山阳-南阳断裂控制,山阳-南阳断裂以南为开阔谷地相灰岩,镇安-过风楼以南为陆棚斜坡-陆棚边缘盆地相炭质、粉砂质板岩夹泥灰岩。

青龙峡是四个峡谷中最狭窄的一个,极为险峻,横剖面呈紧闭的"V"形或"H"形,主要呈现隘谷地貌(见图 5-4)。隘谷两侧绝壁千仞,谷底窄如一线,几无沉积。

3. 黑龙峡障谷地质遗迹

黑龙峡谷系流水追踪侵蚀北东向、西向断裂及其节理而成,向南西向展布。全程约 8 km,谷底最窄宽度为 0.8 m,垂直高度 786 m,比著名的重庆市奉节县地缝式岩溶峡谷(障谷)最窄处窄 0.2 m。区位上在山阳-凤镇断裂以南,地层上属于寒武-奥陶系。从寒武纪至中奥陶纪,北秦岭仍为洋盆,商南县城以南地域的沉积构造,主要受商丹断裂、山阳-南阳断裂控制。奥陶纪承袭了寒武纪的构架,于秦岭古陆南侧形成北秦岭海槽,沿太白、丹凤一线为古岛链,海侵方向仍然是东南向西北方向,商南以南的岩性为白云岩和白云质灰岩。

黑龙峡口受东西向韧性剪切带的影响,构造岩陡倾直立,又受南西向断层的切割,使得北西侧断崖陡峭高峻,高达 300 m,气势壮观(见图 5-5)。流水在石槽中形成石窝、石臼、石潭。

图 5-5　黑龙峡障谷地貌

4.月牙峡障谷地质遗迹

月牙峡是黑龙峡的自然延伸,该峡全长约 1500 m,垂直高度最高处 732 m,峡谷长度 582 m,谷中最窄宽度 6 m,是峡谷山崖与水景的完美结合。入口属隘谷地貌,宽不过数米,高可达 180 m,蜿蜒曲折,陡崖相夹,似一弯新月。向内过渡到障谷地貌,宽几米到几十米,高两百多米。

(二)水文地质遗迹

1.13 级瀑布

在新构造运动时期,地壳周期性的抬升使断崖、侵蚀作用形成的突变裂点在隔水岩层的制约下呈阶梯状展布,使之展现出 13 级瀑布和形状各异的碧潭以及流量较大的岩溶泉,其中有锁龙瀑布、连环瀑布、织女瀑布、冰瀑、彩虹瀑布、翡翠瀑布、双溪瀑布、关圣瀑布、拂尘瀑布、长涎瀑布、黑龙瀑布、鲨鱼瀑布、无名瀑布等。在 2100 m 范围内形态、气势各异的 13 处瀑布组成阶梯式瀑布群,由源头的海拔 1200 m 到沟口下降至 600 m,总落差约 600 m。单个瀑布落差最高约 30 m,最低的也有 10 m 左右。

长安大学段汉明课题组多次对 13 级瀑布的成因进行实地考察,认为有以下几种因素。

(1)在新构造运动时期,地壳周期性抬升,在白龙峡、黑龙峡等峡谷形成过程中,上游山势不断上升。

(2)在地壳不断抬升的同时,新的断裂(断层)也不断发育,主要受 NW-SE 和 NE-SW 两组共轭剪切断裂作用,使多数瀑布位于河流的拐点处。

(3)流水侵蚀和差异分化作用。

由于上述多种因素的共同作用,裂谷地貌形成发育不完全。随着岩性的差异、断裂的构造作用和溪流的切割作用,形成山体张裂处一层又一层的横断岩坎,造就了景色各异、多彩多姿的 13 级瀑布和众多跌水、深潭。

值得一提的是,在瀑布中有一种与岩溶地貌相关的石瀑布。石瀑布在黑龙峡上有四五处瀑布水下均可见石瀑布展露,形似舌状,其物质为钙华沉积。石瀑布是指富含钙的碳酸型岩溶地下水,以冷泉的形式溢出地表后,由于水在流动过程中二氧化碳逸出,碳酸钙迅速沉积,形成泉华、滩花、石坝和瀑花(石瀑布)等形态各异的钙华沉积。石瀑布上部厚 0.2~0.5 m,底部厚 1~2 m,它们是岩溶作用形成的化学沉积。

2. 地下暗河与岩溶泉

金丝峡公园园区内泉水较多,流量较大的有黑龙泉、水帘泉、马刨泉等水泉 5 处,均为岩溶泉,是地下水流过构造带长期侵蚀、溶蚀逐渐形成的。它们为常年性水泉,构成峡谷的主要水源。泉水补给主要以大气降水为主,泉水量随季节有所变化。根据长期观测,泉水随降雨而有规律性的变化,且暴雨后水量骤增,但一般均滞后 5~7 h,水质稍有混浊,可以说它们是沟通远处地表水的一条地下暗河。

龙泉位于黑龙岭南部,属峡谷岩溶泉。龙泉在峡谷下部,泉穴面积达 15 m² 以上,深度 4 m 以上,泉水呈宝石蓝色,泉水从山岩下泉穴中涌出,水量甚大,枯水季流量为每秒 4~5 m³,丰水季每秒 10 m³ 以上,泉边碎石多巨晶方解石,龙泉当属溶洞受二次沉积后形成的山下暗河出口。龙泉水流形成的溪流甚美,水清苔绿,河道生态系统良好。

马刨泉出水量大,它通过地下暗河连接着地表径流,是包气带中的地下河,其输出是在地下暗河中向下游径流,最终以泉水的形式排入太吉河。其他规模较大的泉水均有向河谷侵蚀面排泄的特征。

(三)岩溶地质遗迹

1. 晶洞——方解石晶簇充填或半充填的孔洞

1)巨型晶洞——金狮洞

金狮洞位于黑龙峡末端,距谷底约 30 m,有人工阶梯相连。主洞宽约 50 m,高约 30 m,总面积有 5000 m² 之多,生成于奥陶系吊床沟组钙质角砾带之中,因有一方解石石狮睡卧洞中,形象逼真而取名。主洞顶部有通往上部的垂直洞和西南方向的水平洞,构成一个比较完整的溶洞系统。

金狮洞主要有石狮、石佛、石花生、天阳、莲花座等人文景观和巨晶方解石、方解石擦痕、方解石放射状纹饰、方解石栉壳状生长纹、钙质角砾岩、倒塌的石钟乳、石笋聚合等地质遗迹(见图 5-6、图 5-7)。金狮洞中莲花盆是洞顶滴水和洞底水塘联合形成的一种协同沉积,有圆形和不规则形两种。

图 5-6 石"花生"（方解石表面纹饰）

图 5-7 方解石节理形成的莲花台

2）微型晶洞

黑龙峡有奇特的微型晶洞如"虫室""恐龙蛋"等，是大自然的杰作（见图 5-8）。

图 5-8 黑龙峡晶洞"虫室"

2. 溶洞

溶道因地壳抬升至垂直渗入带称溶洞。随着地壳的间歇性抬升,溶洞具成层性特点,这种现象体现了洞穴形成过程中的阶段性。溶洞与河流阶地的形成过程不同,溶洞的形成主要是地下水作用,它的过程比阶地形成过程要复杂,所受到的影响因素也较多样(如构造、岩性、水动力条件等)。溶洞中所发现的化石只能反映溶洞形成的下限。

古岩溶发育受气候、岩性、构造及水文、地貌等因素综合作用的影响,基本控制规律如下。①气候对岩溶发育的影响。例如,中奥陶世后期——中石炭世,我国北方长期均衡上升遭受剥蚀。当时气候暖湿,在长期溶蚀作用下,奥陶系顶部的碳酸盐岩地层中形成了溶洞、溶隙的强烈发育带。②岩性对岩溶发育的影响。可溶性岩是岩溶发育的基础和内在条件,相关实验表明,碳酸盐岩的可溶性从大到小依次为石灰岩、白云质灰岩、灰质白云岩、白云岩。就碳酸盐岩的矿物成分来看,方解石含量的增加,比溶解度和比溶蚀度也同步增加,而随其含量的增加,白云石类矿物的比溶解度和比溶蚀度减少。从岩石结构来看,白云岩类的均质泥(微)晶云岩溶蚀性大,含有内碎屑的泥(微)晶灰岩次之,而内碎屑白云岩和结晶白云岩较小,结晶溶蚀性最小。

按溶洞形态特征,洞穴可分为三种:第一种是地下廊道式溶洞,近水平发育,长与宽比例相差悬殊,长可达几十米甚至数百米,高与宽可达数米;第二种是岩屋式溶洞,这种溶洞形态简单,只有一个洞室,长宽可达数米,比例相近;第三种是树枝式(或复杂形态)溶洞,形态复杂,各种大小不同的溶洞和孔道联系起来形成溶洞系统。

破碎带、构造角砾岩带、盐溶角砾岩带、背斜核部、穿隆构造等部位,以盐溶角砾岩带形成的溶洞规模最大且呈串珠状分布(见图5-9),可能为古老地下暗河的组成部分。

图 5-9　串珠状溶洞

1)黑龙洞

黑龙洞形成于奥陶纪灰岩中,有一定的层位性。黑龙洞宽 2～20 m,高 0.8～2.3 m,近水平状大约向 215°方向延伸,长度不详。据说此洞深不可及,因洞内极狭窄,不能通过,目前可观赏深度约 20 m。洞内石钟乳类十分发育,有钟乳石、鹅管石、石瀑布、石幔、石幕、石蘑菇、石蜂巢等,形成各种奇异的立体图案,特别是在溶洞底部形成的多条蜿蜒状龙形石简直惟妙惟肖,黑龙洞因此而得名(见图 5 - 10)。

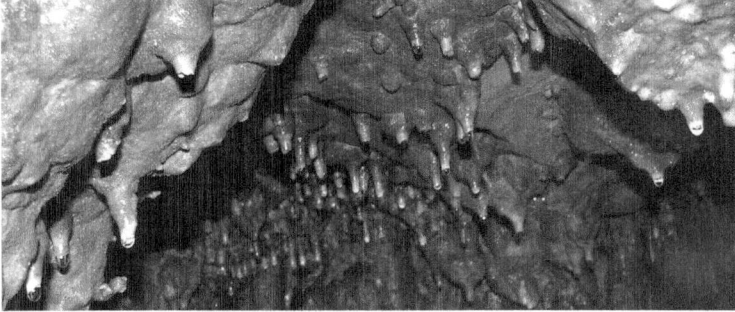

图 5 - 10 正在形成的石钟乳与鹅管石

2)窗洞

溶洞因溶蚀、塌陷剩下极短的洞体保留在地面以上,远望似窗,一般在山峰的上部(见图 5 - 11)。

图 5 - 11 窗洞和悬崖墙

3.峰丛地质遗迹

峰丛峰林地形是热带及南亚热带气候区的象征,可分为峰丛、峰林及孤峰。峰丛是峰林的雏形或年轻的峰林,基座相连,以地貌斜坡地带最典型。峰林是发育较成熟的阶段,呈尖锥状(见图 5 - 12)、塔状等。孤峰是峰林发育的晚期阶段,或称老年式峰林。孤峰间互补相连,耸立在为第四系覆盖的溶原面上或溶盆中。丘峰为岩溶地区丘陵状的低峰,顶浑圆而坡较缓,高差 100～200 m,而丘峰的底部直径是高度的数倍。

金丝峡地质公园有狮子峰、蜡烛峰、牛角峰、三才峰、驼峰、旗杆峰等姿态万千的峰岭,有的似龟、有的似兔、有的似瓜。在山峰不同部位突起有二十多座刀削斧劈般的险崖绝壁,泼墨山、螺旋崖、罗汉崖、七星崖、鸡冠崖、摸耳崖等气势雄伟,险峻异常,垂直高度均在千米以上,坡度在 80°以上。

图 5-12　峰丛(锥状岩溶)地貌

4.岩溶侵蚀地质遗迹

岩溶侵蚀地质遗迹主要表现为河流冲蚀、溶蚀凹槽、凹坑,以及地下水溶蚀的形状各异的石灰华景观、溶痕、溶隙、溶孔、溶穴、溶斗等溶蚀景观。

1)石灰华

地下水沿基岩裂隙渗出淀积成石灰华象形石,引人入胜,分布范围较大,主要有侍女献瓜、永不分离、蜂巢、如意、千佛洞、云菇、水帘洞等(见图 5-13)。

图 5-13　石灰华象形石(如意、侍女献瓜)

2)溶痕

现代岩溶侵蚀现象在金丝峡国家地质公园各个峡谷均随处可见,从青龙峡溶蚀垮塌正在形成溶洞的岩溶侵蚀景观,到白龙峡、黑龙峡等绝壁上的点状、块状、簇状的岩溶侵蚀景观,以及树生石上等植被景观,处处表现出山涵于水、水行于山的岩溶侵蚀景观。水流对岩石溶蚀的原始沟槽或纹路,是溶沟的雏形。一般其宽度及长度以毫米或厘米计,长度有时也达 1 m 以上,深度小于宽度。

3)溶隙

溶隙是水流沿节理或裂隙溶蚀所形成。宽度一般小于 50 cm,形态极不规则,有的延伸较长且具方向性。

4)溶孔

直径较小的溶蚀孔隙常见于白云岩中。岩心中呈针状、蜂窝状、网格状、星点状密集分布(见图 5-14)。

图 5-14 溶蚀孔隙

5)溶穴

常因岩石组成物质溶蚀不均而形成。

6)溶斗

溶斗是由于集中渗流溶蚀成漏斗状的形态,直径(由数米至百余米)大于深度,它代表着岩溶发育旋回初期或晚期(一个旋回的晚期也意味着另一个旋回的初期)的产物。在地壳上升过程中,溶斗底部继续发育落水洞,形成叠置状溶斗(或称复式漏斗),是继承性发展的产物。在石燕寨顶部有溶斗发育。

7)旱谷

旱谷是秦岭、淮河以北中温带、暖温带的特有形态,这里年降水量少且集中在夏季,许多河流流经石灰岩地区产生漏失现象,然后转为在河床冲积层的潜流,这类河谷称为旱谷。青龙峡上部有旱谷存在。

8)天生桥

天生桥的形状似拱桥,宽度变化较大。其成因有三类:①具有伏流的溶道进一步溶蚀塌陷,保留了顶拱部分的岩体跨越河溪;②分水岭地区地下河流溯源侵蚀袭夺而成;③河湾处地下水沿溶隙进一步发育成溶道而使河湾裁弯取直所形成。

(四)构造地质遗迹

中生代(约 2.3 亿年前)以来,秦岭转入新的统一的陆内造山阶段,产生逆冲推覆、平移剪切、断块抬升构造系统而进一步隆升,终成今日的峡谷地貌和地层遗迹。

1.走滑(平移)断裂

逆冲推覆、平移剪切断裂遗迹在金丝峡反映得十分明显,它们呈北东、北西向展布,切割出峡谷与石燕寨。卫星照片清晰地显示出北西向断裂规模较大且稀疏;北东向断裂规模较小但密集发育,且以石燕寨前后密集发育为特征。这两组断裂面比较平直而陡峭,一组走向为135°～315°,另一组走向为15°～195°。擦痕表明走滑断层大体以45°斜落并伴有棋盘格子状节理(见图5-15、图5-16),表现为正断层性质,构成障谷两侧的悬崖峭壁。

图5-15 断裂作用留下的擦痕

图5-16 断裂作用留下的棋盘格子状节理

2.挤压性构造遗迹

露头观察尺度的褶皱有直立、水平（平卧）、倾伏褶皱，出露范围小，易于实习者学习。

1）多级直立复式背斜

位于黑龙峡口，形成于奥陶系灰岩之中，是由多个向斜和多个背斜组成的直立对称复式背斜，褶皱形态清晰，枢纽暴露良好。枢纽产状为 $25°\angle27°$，单个褶皱宽数米至数十米，复式褶皱总宽一百五十多米（见图 5-17）。

图 5-17 黑龙峡直立复式背斜构造

2）水平(平卧)褶皱

见于黑龙沟内，褶皱呈瓦筒状，宽 8 m，紧闭形，枢纽近水平顺隘谷延伸。

3）巨型弧状褶皱

见于莲花台对面山体，呈弧状半圆形出露，长达一百多米，横贯整个山体。

4）斜立倾伏褶皱

见于黑龙沟玩佛洞对面，褶皱呈瓦筒状斜立，向西倾伏，宽 2.2 m。

3.伸展（张）性构造遗迹

此类地质遗迹在金丝峡地质公园内种类颇多，主要有褶叠层构造群落、顺层掩卧褶皱、顺层韧性剪切带、顺层面理、黏滞型石香肠和同构造分泌脉、韧性剪切带等。

1）褶叠层构造群落

它主要见于公园内寒武纪以来的地层，是指在较深构造层次的水平剪切流变机制下，经受变形-变质作用改造和重建的地层实体，以发育多级顺层掩卧褶皱和顺层韧性剪切带为代表的固态流变群落，并经历了强烈的递进变形。以莲花沟出露最好，褶皱层构造群落顺沟连续出露达三百多米，受流水侵蚀和冲洗变得越发清晰。

2）顺层掩卧褶皱

由一系列不同尺度的顺层韧性剪切带所限定的多级紧密等斜褶皱群构成，它的轴面产状与其所赋存的变质岩系分界面大致平行。

3)顺层韧性剪切带

它们是限定不同尺度顺层掩卧褶皱的原始水平韧性剪切带,常称透入性劈理,彼此大致平行,带内常发育"A"形褶皱、鞘褶皱。

4)顺层面理

它的发育和褶叠层的形成关系极为密切,分别以顺层掩卧褶皱的轴面劈理和顺层韧性剪切带的剪切面理出现。

5)黏滞型石香肠和同构造分泌脉

前者为相对若干岩层或石英脉经侧向剪切拉伸作用和垂向压扁作用,发生不同程度的缩颈或拉断而呈串珠、香肠、透镜状;后者是岩石在构造应变中,经拉张、压溶作用使易溶成分如硅质、碳酸盐由岩石中分异、迁移,形成同构造分泌脉,进而遭受递进变形褶皱、石香肠化。

以上几种特征共同构成褶叠层系统比较完整的构造群落。

6)韧性剪切带(剥离断层)

出露于白龙湖坝体以南,北西西向展布,发育密集的糜棱面理和石英脉透镜体(见图5-18、图5-19),产状为$16°\angle63°$,被后期断层所破坏,断续出露60~80 m。它是分隔寒武系与奥陶系地层的滑脱性(剥离)韧性断层,是武当地块隆起过程中留下的构造遗迹。断层北盘变形变质强,赋存有褶叠层系统;南盘变形变质甚弱,发育宽缓的等厚对称褶皱。

图 5-18　层内剪切褶皱构造(顺层褶皱、剪切带、拉伸线理)

图 5-19　剥离断层带中的石英透镜体

第二节　商州区柿园子沟-塘原沟剖面及沉积环境演变

一、柿园子沟-塘原沟剖面

柿园子沟-塘原沟剖面位于商丹盆地中部南北向宽度最大处。北从商州区张村后的柿园子沟脑起，南到丹江以南的塘原沟，中间为北丹江所隔（见图 5-20）。该剖面层序自上而下为第四系、中新统、渐新统老庄组、上白垩统李家村组、下白垩统东河群、花岗岩。

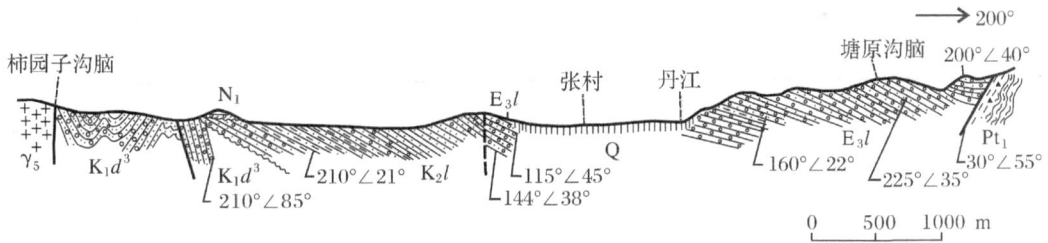

图 5-20　商州区柿园子沟-塘原沟实测地质剖面图

1. 第四系（Q）

河流冲积层，坡积、残积层，分别分布在河道两岸及山坡上，厚度约 3 m。

~~~~~~~~~~~~~~~~~~~~不整合~~~~~~~~~~~~~~~~~~~~

2. 中新统(待建组)(N₁)

黄红、浅红色砂质泥岩,分布在柿园子沟东侧及其以东的一些山顶上,厚度约 10 m。

~~~~~~~~~~~~~~~~~~不整合~~~~~~~~~~~~~~~~~~

3. 渐新统老庄组(E₃l)

棕红、灰棕红色厚层砾岩夹暗红色细砂岩、砂砾岩,砾岩的砾石以花岗岩砾为主,分选一般,次棱角状,钙泥质胶结,很坚硬。本层分布范围很广,从盆地中部偏北直达盆地南缘,隔断层和盆地南侧的泥盆系相接,厚度约 920 m。

===============断层===============

4. 上白垩统李家村组(K₂l)

绿白、灰绿及灰红色含砾砂岩、砂岩,以及褐红、浅红色砂质泥岩、泥质粉砂岩互层。砾石以花岗岩为主,粗粒层皆为钙泥质胶结,棕红色泥质岩层中有小钙质结核(见图 5-21),厚度约 380 m。

===============断层===============

图 5-21 上白垩统李家村组绿白、灰绿及灰红色含砾砂岩、砂岩,以及褐红、浅红色砂质
泥岩、泥质粉砂岩互层

5. 下白垩统东河群(K₁d)

上部以灰黄、杏黄色含砾砂岩、粗砂岩为主,夹紫红色砾岩、砂岩、砂质泥岩,厚度约582 m。

下部以紫红、棕色砾岩为主,夹棕红色薄层砂岩或与棕红色泥质粉砂呈互层,厚度约96 m。

===============侵入断层===============

6. 花岗岩(γ₅)

柿园子沟脑北侧中生代燕山期花岗岩侵入造成侵入断层,见图 5-22。

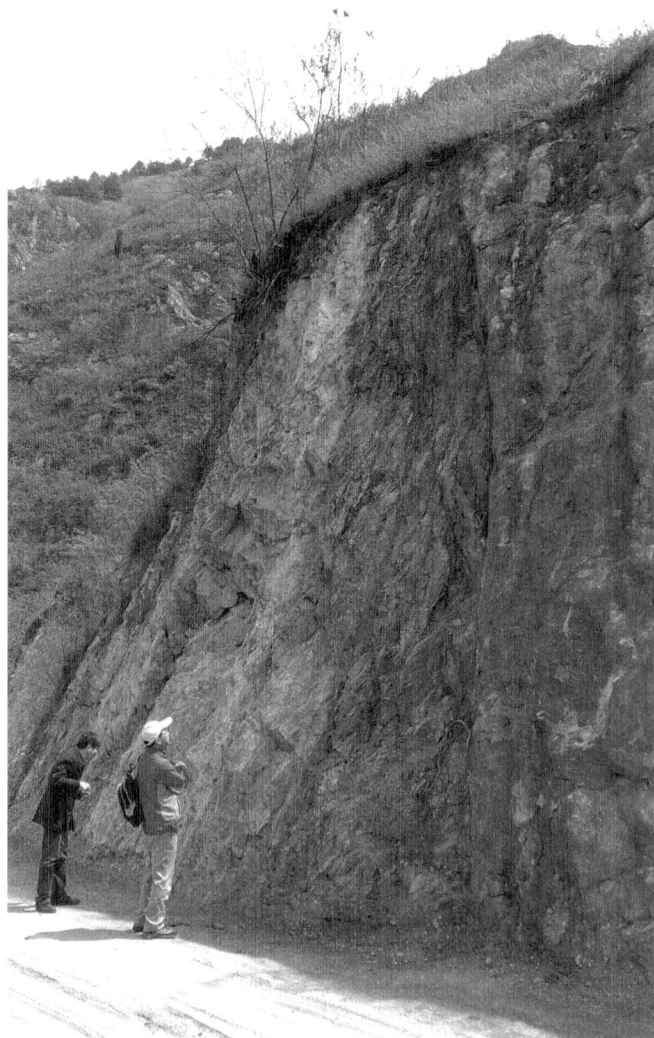

图 5-22　柿园子沟脑北侧中生代燕山期花岗岩侵入造成侵入断层

二、晚中生代以来商丹盆地沉积环境演变

　　商州区柿园子沟-塘原沟是商丹盆地地层剖面的缩影，结合李家村剖面（商州区金陵寺东侧），可反演晚中生代以来地壳运动与商丹盆地沉积环境的演变过程。印支运动使秦岭海盆全面回返，褶皱成山，商丹盆地的自然条件从此由海洋环境变为陆地环境。古生物、地层等的发育、演化也都在陆内环境下形成、发展。从商丹盆地地层发育、各有关地层组间的接触关系及地层发育的构造形迹等特点来看，这个地区的地壳运动一直在或强或弱地继续着，它严格地控制着盆地的形态、规模和地层发育等，是盆地发育演变的动力。

(一)早白垩世盆地的形成

从地层发育及岩石学特点来看,印支运动后,早白垩世之前,秦岭东段仍受南北向的挤压应力场控制,秦岭造山带继续褶皱隆起,产生一系列逆冲推覆构造。之后,随着太平洋板块俯冲作用加剧,东秦岭地区的主要构造应力场逐渐改变为 NWW-SEE 向。此时,沿着早期NWW 向的深大断裂产生了一系列张性和走滑构造。在几个这样的断裂前沿,产生了沿断裂走向分布的断陷盆地,这是秦岭东段下白垩统得以沉积的地方。这样的盆地就包括了商丹盆地,还有洛南盆地,它们都呈窄长条形,属断陷型盆地。

盆地形成后,早白垩世早期,该区地壳运动处于相对宁静阶段,断层的一侧相对上升,而另一侧相对下降。上升盘的风化剥蚀产物源源不断地被搬运到盆地中沉积,构成了商丹盆地内的最下部地层,即柿园子沟-塘原沟记录的东河群(K_1d)。最初盆地下沉较快,接受了以粗碎屑物质为特征的快速堆积,但厚度都不太大。之后,地壳活动的强度和盆地下沉的速度相对稳定,盆地内的环境也相对稳定。商丹盆地的下白垩统下部是一套以灰绿、灰黑色为主的泥岩、页岩、粉砂岩及砂岩。地层的水平层理发育,含有叶肢介、腹足类、植物和孢粉等化石。在东河群的中部夹有炭质页岩或薄煤层,化石类别较多,可能当时该湖盆的水体较浅,适于生物生存。这样的沉积特征表明早白垩世早期,商丹盆地气候较温暖潮湿、雨水较充沛,环境较稳定条件下的湖泊、湖泊-沼泽相沉积。

下白垩统上部即东河群上部与下白垩统下部的产状一致,岩性大体相似,也主要是些暗色细粒岩层。只是下白垩统上部有较多的黄褐色岩层,砂质岩层增多,不见泥灰岩或薄煤层,所含化石的种类及数量都很丰富。这些特点反映了下白垩统上部大体上也是在一个比较宁静、湿热而氧气和食物都比较充足,适于生物生长繁殖条件下的沉积,早白垩纪世期间没有发生足以引起地层明显变形的地壳运动。商丹盆地的东河群是一个完整沉积旋回的产物,反映了当时的环境经历了由热、氧化条件为主的温湿气候半还原或还原为温热、水浅、以氧化条件为主的气候的变化。

下白垩统沉积后,在上白垩统沉积前,地壳曾有过一次较大的活动,使盆地内已沉积的早白垩世地层普遍遭受挤压,产生褶皱变形和断裂,甚至有的地方还有岩浆活动。商丹盆地的下白垩统中不仅有褶皱、断层发育,甚至局部有地层倒转。在张村、夜村一带,可见到受花岗岩侵入体的影响,下白垩统断裂,强烈褶皱,地层治理、倒转,以及被烘烤等现象(见图 5-22)。在王山底村附近还看见在花岗岩小岩枝周围的黑色砂质泥岩中有较多黑色片状矿物,并呈定向排列。这些都是燕山运动第三幕或晚期燕山运动的结果。

(二)晚白垩世盆地的广泛形成和发展

在强烈的晚期燕山地壳运动后,随着区域构造作用力的调整,有一次造成地壳伸展、拉张,在原来早白垩世形成的商丹盆地叠置了晚白垩世的盆地,其范围较早期的扩大。商丹盆地中的上白垩统超覆不整合在早白垩世及其之前更老的地层上,地层厚度很大,多近千米或数千米。从晚白垩世秦岭东段盆地之多、面积之广、沉积厚度之大来看,晚白垩世可以说是秦岭山间盆地广泛形成和发育的时期。今天这些有上白垩统分布的盆地,有可能是原来分布更广、数量更多的盆地经抬升、剥蚀后的残留盆地。这些盆地都属于箕形断陷盆地,在盆地的一侧上白垩统超覆不整合在其下如泥盆系（山阳）、石炭系（漫川关）、前寒武系（商丹、洛南、石门）之上，而在盆地的另一侧则是隔断层和另一盘的老地层相接触。断层上升盘的老地层不断隆升，而下降盘的低洼地不断接受沉积，近断层一侧盆地深度最大，是沉积中心所在。

随着地质历史进入一个新的时期，商丹盆地与东秦岭各盆地的气候环境与前期的气候环境在许多方面表现出明显的差别。晚白垩世的沉积无论在岩石性质、颜色、构造特征及其所含古生物等特点上和早白垩世的都很不一样。如前所述，下白垩统主要是在地壳处于相对宁静、盆地相对稳定、气候温湿、水体较深的半还原或弱氧化条件下的沉积。而上白垩统则是在新的一次地壳构造运动后的产物，当时的气候比早白垩世的炎热，盆地四周抬升较快，同时又不断遭受强烈的风化剥蚀，风化剥蚀的产物随即快速被冲刷、搬运到邻近的低洼盆地中堆积，形成一条巨厚的红色、以粗碎屑岩为主的磨拉石建造，几乎无纯净的泥岩。靠下部的地层以砾岩为主，层厚砾粗，砾岩的砾石主要是来自盆缘附近的浅变质岩地层及花岗岩，大小混杂，分选性和磨圆度都很差；靠上部的地层是砾岩-砂砾岩与含砾泥质砂岩或砂质泥岩互层。这样的地层无疑是气候炎热、干燥的，盆地内地周边物理风化强烈，山洪暴发频频发生；而盆地内水体不太深，动荡厉害，属强氧化环境等条件下沉积的。

（三）始新世盆地的地层缺失

秦岭山间盆地普遍缺失晚古新世和早始新世的沉积，商丹盆地也缺失晚古新世和早始新世的沉积。但是结合秦岭东段其他盆地的沉积特征来看，始新世时的气候环境特点与晚白垩世、古新世的气候环境有较大的差别。河南卢氏盆地的始新统不整合覆盖在中元古界变质岩上，其他盆地的始新统和其下伏地层都呈假整合接触。这个事实说明了在古新世末始新世初，受早期喜马拉雅地壳运动的影响，本区地壳曾一度抬升，晚白垩世-古新世的红色盆地从此结束。到早始新世晚期，盆地再度下沉，接受沉积。秦岭东段李官桥盆地、卢氏盆地始新统中有含石膏黏土岩及泥质石膏岩或褐煤层等的交互存在，反映了当时气候有着温湿、热湿甚至干热的变化或交替。

（四）渐新世盆地的逐步抬升

渐新世沉积的老庄组（$E_3 l$，商丹盆地也叫圆圈山组）反映了秦岭东段在始新世后期明显抬升，剥蚀快，堆积也快，风化剥蚀产物随水冲进盆地，形成了较厚的洪积-冲积相地层。这些地层仍然受主断裂的控制，和其下伏地层有着相同的产状，并沿盆地长轴呈带状分布。总体上看，商丹盆地乃至秦岭东段渐新世的气候也应是比较温热的，气温可能比始新世的要高，且雨量相当充沛。

（五）中新世的块体抬升及盆地消亡

上述渐新统沉积后，发生了强烈的地壳运动——晚期喜马拉雅运动，它使商丹盆地乃至秦岭东段已经形成的地层受到挤压、抬升。渐新统及其以下的地层产生不同程度的变形，一般说来，上白垩统及新生界都只呈现宽缓的褶皱，或仅为单斜层，向主断层所在以便倾斜（见图5-20）。明显的抬升持续了相当长一段时间，强烈的夷平作用，使地形越来越平缓，高差越来越减小。因而几乎没有新的地层形成，或有些沉积，不断的抬升又使之被剥蚀掉。直到中新世晚期，原来的盆地已基本不复存在，而是缩小或分隔成一些小的水盆。在这样的小水盆中发育了成岩较差的暗红色泥质岩地层。结合该组地层中的各哺乳类化石,反映了当时秦岭东段处于一个相对稳定,气候相当热且较干,除有茂密的森林外,已有较多草地的环境。

上中新统除岩性特征外,其产状和分布都与盆地中较之要老的地层不同。它们分布零星,厚度都不太大,除在边坡地带外,产状都是水平的(见图 5-20)。

至此,以整个盆地形式下沉接受沉积的历史基本结束,秦岭山脉仍继续上升,原来的这些山间盆地内的地形产生分化,逐步出现现代大、中型河流的雏形。

第三节　商丹盆地丹霞地貌、河流地貌

地质历史时期商丹盆地的形成过程在前已说明,本节着重介绍在商丹盆地地层沉积的物质基础上,外力地质作用塑造的丹霞地貌与河流地貌。

一、丹霞地貌

(一)丹霞地貌概念的提出

1928 年,冯景兰等人在广东省仁化县研究考察时,他们将形成丹霞地貌的红色砂岩层、砾岩层命名为"丹霞层"。1939 年,原中山大学地质系、我国著名地质学家、中科院资深院士陈国达教授在对丹霞山及华南地区的红石山地做了深入研究之后,以发育最典型的丹霞山为名,将这一类地貌命名为"丹霞地貌",且很快被学术界接受与采用。在陈国达之后,原中山大学地理系的吴尚时、曾昭璇教授将红层地貌作为独立的岩石地貌类型进行了系统的研究,并使"丹霞地貌"这一名词得以广泛传播,此后凡由红色砂砾岩构成的、以赤壁丹崖为特色的一类地貌均称为丹霞地貌。1961 年,黄进在编制广东地貌图的同时,第一次将丹霞地貌以独立的地貌类型填图,首次提出了丹霞地貌的概念,即丹霞地貌是由水平或变动很轻微的厚层红色砂岩、砾岩所构成,因岩层呈块状结构和富有易于透水的垂直节理,经流水向下侵蚀及重力崩塌作用而形成的陡峭的峰林或方山地形。1982 年,黄进总结了近水平红层的湿润气候条件下坡面特点和坡面的发育方式,将丹霞地貌的形态特点概括为"顶平、身陡、麓缓"。1995 年,黄进在总结了彭华在 1993 提出对红色碎屑岩应加"陆相"限定的基础上,将丹霞地貌的定义改为:"由红色陆相碎屑岩组成的、具有陡峻坡面的各种地貌形态"。经过几年的发展,地理学界对丹霞地貌的意见逐渐统一,"红色陆相碎屑岩"是丹霞地貌的物质基础,而"赤壁丹霞"或者"陡峻坡面"作为形态限定被大部分学者所接纳。最后将丹霞地貌定义为:以赤壁丹崖为特征的红色陆相碎屑岩地貌。

(二)商丹盆地丹霞地貌的物质基础

构成商丹盆地的红色陆相碎屑岩主要是 E_3l(渐新统老庄组),也有学者命名为 E_3h(渐新统囵囵山组,从洛南盆地沿用至商丹盆地),还有学者命名为 N_1h(中新统囵囵山组,年代上有所差异)。这套地层最显著的特点是颜色灰棕、灰棕红,颗粒较粗,以砾岩、砂砾岩为主,厚度较大且稳定,胶结坚硬,从总体上看,有下粗上细、西粗东细的特点。商丹盆地丹霞地貌的典型分布点有静泉山(见图 5-23)、龟山(见图 5-24)、夜村(见图 5-25)等。

图 5-23　商州区静泉山丹霞地貌

图 5-24　商州区下赵塬村龟山丹霞地貌

图 5 - 25　商州区夜村镇丹霞地貌(右侧为丹江)

　　静泉山位于商丹盆地南缘,沿着张峪沟再向南约 3 km 发现 $E_3 l$(渐新统老庄组)与 $Pt_1 Cgn$(下元古界曹营组片麻岩)的断层接触带(见图 5 - 26)。下元古界曹营组片麻岩是由长英片麻岩、角闪片麻岩和变粒岩组成。由于断层等构造运动的活跃,渐新统老庄组从丹江南侧静泉山近水平层理(倾角 5°~8°)演变至断层接触带(倾角 30°~35°)(见图 5 - 27)。

图 5 - 26　商丹盆地南缘渐新统老庄组与下元古界曹营组片麻岩的断层接触带

图 5-27 断层等构造运动造成岩层倾角发生变化

（三）商丹盆地丹霞地貌形成的地质作用

1.地质构造因素

商丹盆地形成丹霞地貌的内力主要是地壳运动。商丹缝合带是华北、扬子板块俯冲、碰撞的缝合带，也是划分南、北秦岭地质分界的边界断裂。由于华北板块南缘引张裂陷，在构造断陷作用下，产生断陷沉积。板块之间裂解、俯冲、碰撞使地壳上升隆起，把形成丹霞地貌的陆相沉积物红层抬升到离当地侵蚀基准面一定的高度。同时断裂下盘也促使盆地基底翘升，从而使流水、风化、崩塌等外力作用有一定的条件进行侵蚀，形成各种形态的丹霞地貌。

商丹盆地内断层和节理发育显著，在龟山、静泉山、夜村镇等地发现断层和节理多条，断层节理发育在丹霞地貌的发育过程中发挥着十分重要的作用。断层呈近南北走向居多；节理发育把岩层分割成块，更利于岩石的侵蚀和风化。

2.流水侵蚀作用

由于流水不断侵蚀下部软弱岩层，使得岩层在水流作用下不断膨胀，上部岩石因压力的释放而沿垂直节理面发生重力崩塌，形成大型岩洞丹霞地貌景观。在一些坡面倾角小的缓坡状基岩河床上，旋转的水流携带着砂石不断侵蚀、冲蚀基岩软弱面。由于坡面的倾角小，流水具有纵向下切能力，因此对基岩面不断侵蚀而形成了不同的冲沟地貌，随时间的推移，冲沟越来越深，侵蚀越来越严重（见图 5-28）。

3.风化作用

由于被岩壁上部厚层岩体压碎，下部破碎岩石极易被风化剥蚀，形成空壳，同时岩石的化学成分在水溶液及空气中的氧和二氧化碳等的作用下，发生分解、氧化等变化过程，有的岩石在风化作用下变性，本来质地坚硬变得质地较松软，有的色泽鲜艳在风化作用下变得色泽灰暗。另外，岩壁上的地衣等植物在生长和分解的过程中，分泌出各种有机酸对岩石起到强烈的腐蚀作用，溶解岩石中的某些矿物，从而对岩石的成分和结构起到破坏作用，在风力、地震、暴

图5-28　流水侵蚀作用形成的冲沟地貌

雨等外营力地质作用下,形成各类奇特的丹霞地貌景观。

4.重力崩塌作用

重力作用在丹霞地貌的发育过程中也非常重要,而且几乎无处不在。流水侵蚀、化学溶蚀、生物风化等外动力作用后,会打破岩石原有的力学平衡,使岩石沿节理、裂隙稳定面发生局部崩塌,对丹霞地貌成景景观进行雕塑。

5.人为作用

在丹霞地貌的崖壁上通常可见顺岩层分布着大小不一的岩洞(见图5-24、图5-25),据考古学家考证定名为"商洛崖墓"。商洛崖墓在商洛市的丹江河谷、乾佑河分布有一百多座,且多位于险峻之处,多数都是选择在河流两岸面水背山的陡峭崖壁上开凿,尤其是在大水系与小支流交汇处分布较密集。商洛崖墓距离地面高度从十来米到三百米不等。也有少数人认为这些发育在丹霞地貌上的岩洞是为了躲避匪患的"巴人洞""跑匪洞"。

商洛崖墓上下崖层厚度仅二十多厘米,却丝毫没有打穿;有的墓室间崖壁很薄,仅有十几厘米,却很难找到裂缝。据考证,商洛崖墓群是在2000多年前开凿而出,这与汉代的冶铁和铸造锻制技术有很大发展不无关系。汉代当时已用煤作燃料,使用鼓风装置,并具有成套的手工炼铁设备和完善的生产工序。铁制技术的进步以及对力学原理的掌握应用无疑对开凿崖墓提供了有力的科技支撑。

综合上述地质作用,接下来以静泉山为代表说明商丹盆地丹霞地貌的形成过程。静泉山的红层来源于商丹盆地的沉积,商丹盆地堆积了厚度不等的新近系(第三系)的砂砾岩、砂岩、页岩等红层。这些红层形成后,因地壳运动,特别是第四纪以来的新构造运动(距今300万年以前)的块断升降,使其部分上升成断块山貌,如残山、丘陵等红色地貌景观。丹霞红色岩层不仅是丹霞景观的渊源,而且也反映了300万年以前的古地理、古地貌、古气候、古生态环境。静泉山地形地貌形成过程如图5-29所示。

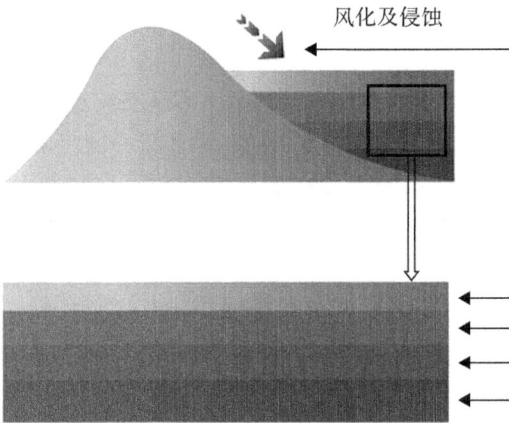

第三纪早期

（开始于距今6500万年前，结束于距今2330万年前）火成岩侵入与喷出

静泉山丹霞地貌形成的物质基础

step1：沉积物（砂砾、沙粒、粉尘、泥）向下冲至较低地方和河溪之中

风化及侵蚀

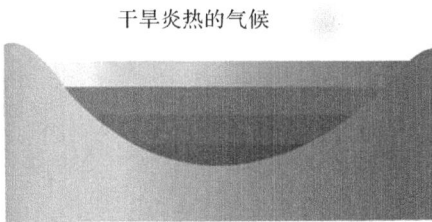

←砂岩
←泥岩
←砂岩
←砾岩

第三纪晚期

(距今2330万年前—距今164万年)

静泉山丹霞地貌形成的构造抬升

step2：沉积岩中的铁发生氧化作用，地下水的作用使沉积岩变成红色

干旱炎热的气候

沉积岩岩层上升或倾斜

静泉山丹霞地貌形成的外力条件

step3：岩石中形成节理或裂缝，易受风化和侵蚀，雨水切过这些节理，将之扩阔，形成独特的岩石

较松软的粉砂岩和泥岩　　较坚硬的砂岩

静泉山丹霞地貌形成过程

step4：侵蚀壁龛

静泉山丹霞地貌形成过程

step4：红色丹崖

静泉山丹霞地貌形成过程

step4：切割陡崖

图5-29 静泉山丹霞地貌形成过程

二、河流地貌

丹江是贯穿商丹盆地最主要的河流,也是汉江左岸一级支流,发源于东秦岭凤凰山南麓,流经陕西、河南后,在湖北丹江口市汇入汉水。丹江全长 443 km,其中在陕西境内流长 243 km。整个丹江流域为山区河道,陕西商洛市二龙山以下程家坡至丹凤县日月滩之间近 60 km 的河段地处东秦岭指状山系第二列蟒岭与第三列流岭之间的商丹断裂带。丹江穿流于商州-丹凤地堑,河道比降 3‰,河宽 150～250 m,谷宽 1000～3000 m。河道迂回曲折,谷宽丘浅,形成一系列比较开阔的弯道盆地,被统称为"商丹盆地"。商丹盆地呈矩形状,做北西西向延伸(见图 5-30)。

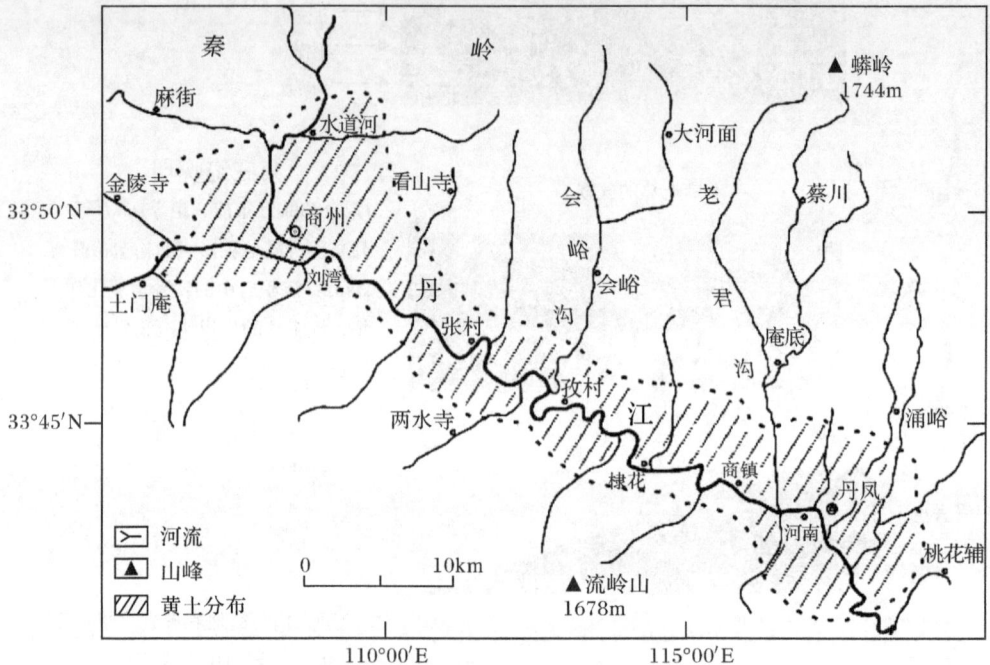

图 5-30 商丹盆地及丹江两岸河流阶地分布范围

(一)河流侵蚀地貌

1. 凹岸侵蚀地貌

河流的侵蚀有三种类型,分别是溯源侵蚀、下蚀、侧蚀。溯源侵蚀是向源头方向的侵蚀,使河谷不断向源头方向伸长。下蚀是垂直于地面的侵蚀,使河床加深,河流向纵深方向发展。侧蚀是垂直于两侧河岸的侵蚀,使河谷展宽,谷坡后退,河流向横向发展。河流中横向环流的运动使得凹岸侵蚀,凸岸堆积(见图 5-31)。

河流横向环流是河流中的中-大尺度的水流运动。水流的运动受到河槽边界的限制,因此水流的平均方向决定槽线的方向。槽线的曲折和断面形态的改变,会使水流内部形成一种较大的旋转运动。在弯曲河道中,从凸岸由水面流向凹岸的表层流和从凹岸由河底流向凸岸的底流构成一个连续的螺旋形向前移动的水流,称为横向环流。横向环流的形成主要是由弯道

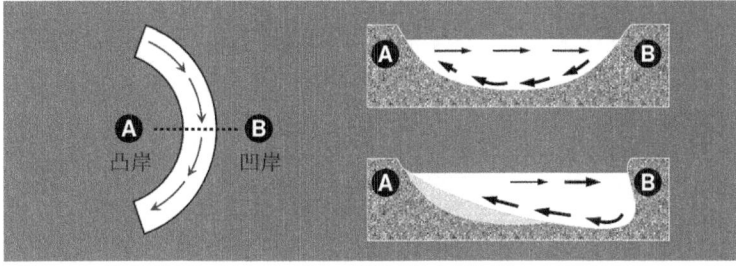

图 5 - 31 河流横向环流原理图

离心力和地球偏转力的影响所产生的,其环流轴平行于水流方向。丹江在商丹盆地数百万年的发育形成过程中,在不少地点可见到凹岸侵蚀的地质遗迹(见图 5 - 32)。

图 5 - 32 丹凤县棣花镇丹江左岸凹岸侵蚀

2. 壶穴

壶穴又称瓯穴或锅穴,指基岩河床上形成的近似壶形的凹坑,是急流漩涡夹带砾石磨蚀河床而成。壶穴集中分布在瀑布、跌水的陡崖下方及坡度较陡的急滩上。类似地形也可出现在冰川底床上,由冰水冲蚀造成,特称之为冰川锅或冰臼。

壶穴的成因是由于雨水令河水流量增加,带动上游的石块向下游流动,当石块遇上河床上的岩石凹处无法前进时,会被水流带动而打转,经历长时间后将障碍磨穿,形成一圆形孔洞(见图 5 - 33)。丹江发育于第三系红色砂岩、砾岩之上,在枯水期河底出露处可见到壶穴(见图 5 - 34)。

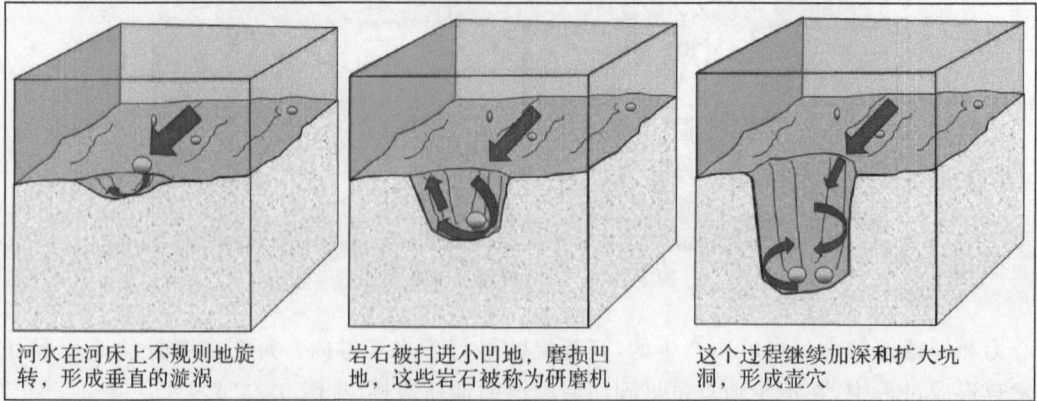

<table>
<tr><td>河水在河床上不规则地旋转，形成垂直的漩涡</td><td>岩石被扫进小凹地，磨损凹地，这些岩石被称为研磨机</td><td>这个过程继续加深和扩大坑洞，形成壶穴</td></tr>
</table>

图 5-33　壶穴形成示意图

图 5-34　商州区孝义镇丹江河底出露壶穴

(二)河流堆积地貌

1. 边滩、心滩

丹江在商丹盆地宽谷段发育有边滩和心滩(见图 5-32、图 5-34、图 5-35)。边滩随曲流凸岸交错分布,常呈盾状;心滩多作长轴状或半月形,以粗砂碎砾为主,夹有细砂粉砂的堆积体,层理不发育。每当洪水涨落,心滩、边滩即发生强烈变形和位移,河槽中泓改道或溃堤泛滥,形成河漫滩地上的点状砂砾石质决堤扇形地,亦称为迂回扇。

2. 河流阶地

沿丹江干流及其支流在商丹盆地段有一级、二级、三级和四级河流阶地断续分布(见图 5-35)。第二级至第四级阶地上一般发育有第四纪期间形成的黄土堆积,其中:第四级阶地上的黄土堆积因受后期强烈的地表流水侵蚀作用影响,阶地面已残缺不全;第三级阶地上堆积的黄

图 5-35 丹江一级、二级、三级阶地远观（商州区孝义镇）

土地层比较连续，厚度较大，依所处位置不同，在河谷最宽阔地段的阶地川塬面上，黄土堆积地层最大厚度可达 20 m 左右。丹江第三级阶地上一般发育了 5 层左右的黄土和与其相间的古土壤条带（也有的地点发育了 6 层）；丹江第二级阶地上覆盖着第 1 层古土壤（S_1）和第 1 层黄土（L_1），在地层出露较好的地段可观察到第 2 层古土壤（S_2）和第 2 层黄土（L_2）；丹江第一级阶地上覆盖着全新世古土壤（S_0）和全新世黄土（L_0）。

值得关注的是，不少人将高河漫滩作为一级阶地，将一级阶地作为二级阶地，依次类推。丹江高河漫滩在 20 世纪 70 年代以前是普通河漫滩，洪水常常能淹没。自 1973 年二龙山水库建成以来，加之在高河漫滩修建堤坝（沿堤坝有柳树种植），洪水再没能淹没至高河漫滩（见图 5-36）。

图 5-36 商州区乐园村高河漫滩和一级阶地

第一级阶地（T_1），相对高度 3～7 m，组成物质下部为河漫滩二元结构，其上覆盖了全新世古土壤（S_0）和全新世黄土（L_0）。在商州区紫荆村、商州区乐园村和丹凤县茶房村都可见到（见图 5-37）。

陕西师范大学的庞奖励教授课题组对茶房村一级阶地上的黄土剖面进行了深入研究,地层从早到晚依次划分为马兰黄土(L_1)→过渡黄土(L_t)→古土壤(S_0)→全新世黄土(L_0)→表土(MS)。茶房村剖面风化程度的变化反映了该区晚更新世以来气候变化的规律,即末次冰期的干冷气候→全新世初期的气候回暖→全新世中期的温暖湿润→全新世晚期气候转凉。经过光释光测年(OSL)确定一级阶地形成于距今5.5万年前(见图5-38)。

(a)紫荆村
(b)乐园村

(c)茶房村

图5-37　商丹盆地丹江一级阶地

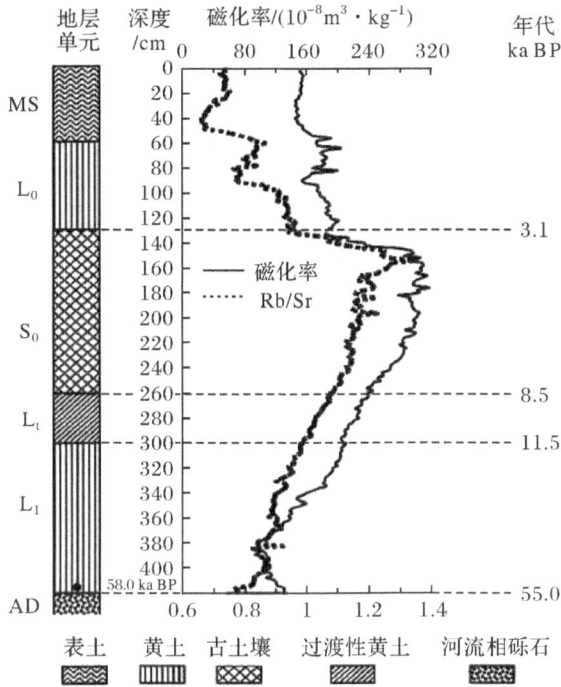

图 5-38 丹江一级阶地（茶房村）黄土-古土壤剖面磁化率与年代

第二级阶地（T_2），相对高度 7～20 m，地面平坦，下部为粗砂、砾石堆积组成的河流二元相结构，上部覆盖 1～2 层黄土和 1～2 层古土壤，为基座阶地（见图 5-39）。阶地底部河流沉积物从下向上由粗砾石过渡为粗砂细砾、细砂层至亚黏土，表明山区河流水文动态和来沙输沙过程较平原河流复杂，反映不同洪水流量、流速下挟沙能力、输沙量和沉积韵律的多变性。依据沉积物结构和特征及其与 T_1、T_3 的对比，以及上覆黄土层数，推断 T_2 的时代约为上更新世。

图 5-39 丹江商丹盆地段二级阶地（商州区寨坡村）

第三级阶地（T_3），相对高度为 30～65 m，基座阶地，阶地底部有河流二元相结构，砾石直径为 7～30 cm，磨圆度良好，粗砂胶结常夹砂质透镜体（见图 5-40、图 5-41）。T_3 上覆盖 5～6 层古土壤和 5～6 层黄土层（见图 5-42、图 5-43）。西北大学雷祥义教授对商丹盆地丹江三级阶

图 5-40　丹凤县刘家河村丹江三级阶地(312 国道修路挖开)

(a)三级阶地全貌

(b)三级阶地局部放大图

图 5-41　商州区东龙山丹江三级阶地

地金鸡塬黄土-古土壤剖面进行了详细研究,确定 T_3 的形成年代不晚于 0.6 Ma BP。商州区金鸡塬黄土剖面中 6 个古土壤层和 6 个黄土层记录了 12 个湿热-干冷气候阶段,可以归纳为 6 个湿热与干冷变化旋回,即在过去 0.6 Ma 这个时段,东秦岭地区的古气候至少发生过 6 次大的湿热与干冷的交替变化。它与宝鸡剖面粒度曲线及深海沉积氧同位素曲线反映的这个时段的 6 个湿热-干冷气候旋回相吻合。这 6 个气候旋回的特点是频率低,幅度大,周期长(约 0.1 Ma)。

图 5-42 商州区金鸡塬(郭村)丹江三级阶地上覆盖的黄土-古土壤

第四级阶地(T_4),相对高度为 70~110 m,多以残存的剥蚀基岩平台出现,上覆亚黏土和残留的姜石碎砾,为厚层黄土所超覆。T_4 分布零散,后期的冲沟切割严重,但在丹凤附近的四级阶地的形态清晰。

3.河流滞流沉积物

滞流沉积物(slackwater deposits,SWD,有人译为平流沉积物),亦俗称洪水淤泥层,指的是洪峰过境达到最高水位,大洪水溢出主河槽之外,漫上沿河谷阶地面或平缓的岸坡、古漫滩,或者倒灌大河两岸的支沟,在水流迟滞的情况下,由悬移质泥沙缓慢沉积形成。在高水位情况

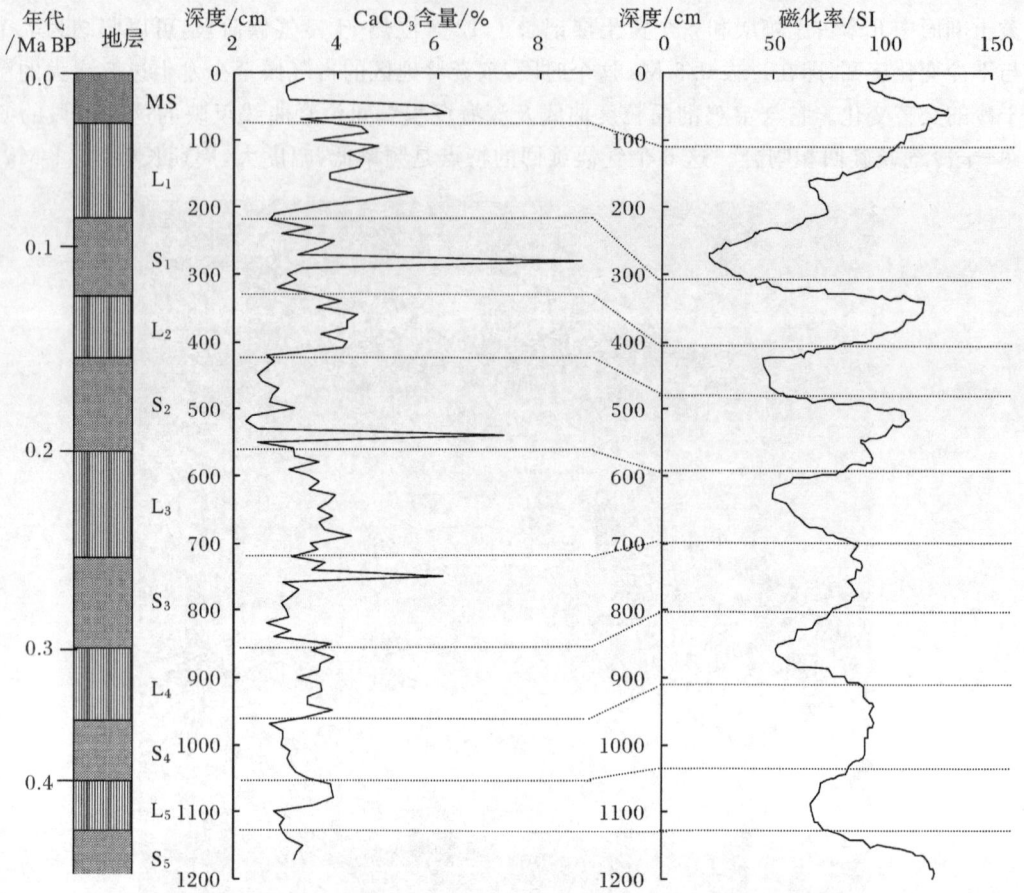

图 5-43　商州区金鸡塬(郭村)黄土-古土壤磁化率与碳酸钙曲线图

下,大河的两岸阶地面、平缓岸坡上,水体是一股股地向岸涌动,而其顺洪流的纵向流速接近或等于零,该地点部分断面也就成为洪水断面中的死水断面,在死水断面中的悬浮物质沉积下来,就是洪水滞流沉积物。在大河两岸支沟内,大河洪峰发生时,水流倒灌而入,达其顶端,此时顶端水位与大河水位是齐平的。在洪峰回落时,倒灌水流又退出支沟。在支沟内的这种往复水流中,当流向从一个方向转向另一个方向时,流速亦是等于或者接近于零,水文学中称为滞流。滞流时刻由大河带来的悬浮物会自动沉积在流速为零的支沟内,这种沉积物亦称为洪水滞流沉积物。

　　古洪水指的是第四纪全新世以来至可考证的历史洪水期以前这一时期内发生的大洪水。古洪水发生时形成的滞流沉积物称为古洪水滞流沉积物。通过对于古洪水滞流沉积物的鉴别,再利用 OSL 和[14]C 测年、地层学和考古学等方法断代,利用多种方法恢复古洪水的洪峰水位,采用水力学模型推求全新世古洪水的洪峰流量,可以延长洪水水文学数据序列到万年尺度,进而分析洪水发生的周期,从而对预测气候变化和水利水电工程设计、洪水资源化利用和管理提供依据。

　　古洪水滞流沉积物沉积下来后,只有被高处崩塌的基岩风化物、坡积石渣土、风成黄土所掩埋,或者因洞穴、岩棚(岩石下凹处)保护不易被风雨侵蚀和生物扰动破坏,才能得以长久保存下来。古洪水滞流沉积物多分布在下列地点：①长期风化剥蚀形成的或较厚残积、坡积物掩覆的平缓岸坡；②河流两岸小支流、沟谷沟口的锥状堆积体；③陡岸坡前的重力堆积体；④残余高漫滩后缘，或者低阶地前缘（见图5-44）。

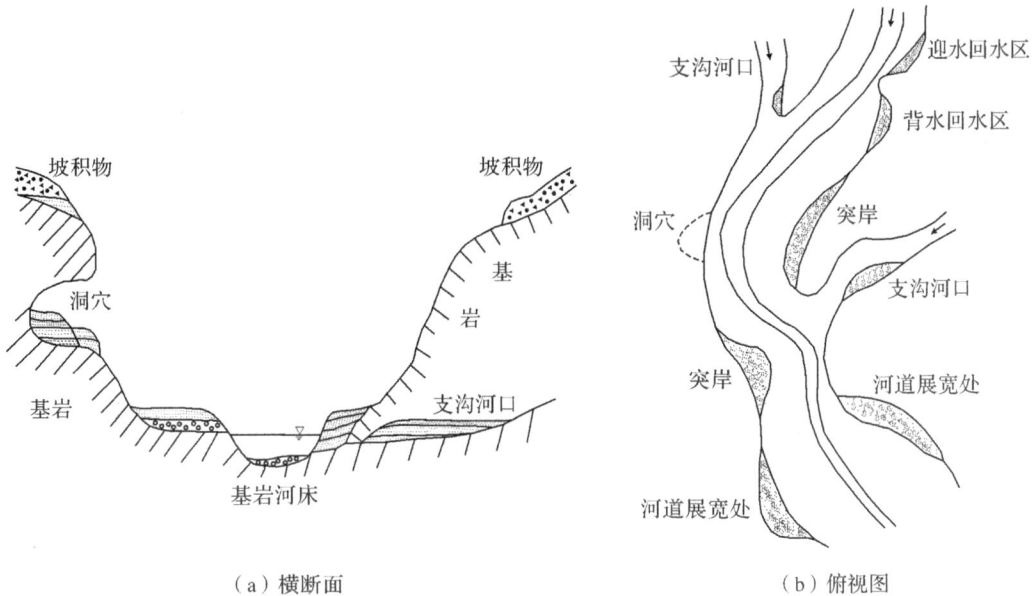

（a）横断面　　　　　　　　　　（b）俯视图

图5-44　古洪水滞流沉积物位置图

对丹江流域峡谷段进行详细的野外考察，在丹江上游竹林关河段楼子滩村河流右岸发现含有全新世古洪水滞流沉积层的剖面（LZT）。该剖面高达12.0 m，为修路开挖出的陡坎，其顶部高于河流平水位27.0 m左右。古洪水滞流沉积层位于剖面下部［见图5-45(a)］，呈现出清晰的平行状水平层理。依据古洪水滞流沉积物判别标准，即沉积物的质地、颜色、结构和构造，与其他沉积物的关系等，从剖面中准确鉴别出四层古洪水滞流沉积物（SWD1～SWD4）。它们由大洪水在高水位滞流状态之下沉积，呈现出波状-水平状层理，每个单层厚度为10～50 cm，致密块状结构，为粉沙（SWD1和SWD3）和黏土质粉沙（SWD2和SWD4），呈浊黄橙色（SWD1和SWD3）和浊红棕色（SWD2和SWD4），这说明洪水来源不同，造成洪水沉积物性质差异，故而各层之间沿层界横向裂开［见图5-45(b)］。以上这些证据充分说明，丹江LZT剖面记录了四次古洪水事件。

在附近的支沟壁剖面，可见上层坡积石渣土（SD上）之下是全新世中期形成的浊红棕色、具有团块结构的古土壤层（S_0），为北亚热带低海拔地区典型的黄褐土类型，其厚度为1.2～1.5 m，古土壤层顶部成壤强烈［见图5-45(c)］。古洪水滞流沉积层（SWD）位于下层坡积石渣土（SD下）之下，这种地层结构表明古洪水发生在全新世早期与中期过渡阶段。在其主流汉江上游旬阳东段泥沟口（NGK）剖面和黄河晋陕峡谷段MFT剖面，也记录了全新世早期与中期过渡阶段（9000～8500 a BP）这期大洪水。这说明在全新世早期与中期过渡阶段，气候转折期，季风气候变化剧烈，气候状态不稳定，汉江上游干支流和黄河中游都有洪水和干旱事件发生。

（a）丹江古洪水滞流沉积层上覆坡积角砾层

（b）LZT剖面所夹古洪水滞流沉积层的局部放大图

（c）晚全新世坡积角砾层覆盖全新世中期古土壤

图 5-45　丹江上游 LZT 剖面

　　采用"厚度-含沙量法"恢复丹江上游竹林关段四次古洪水洪峰水位,运用 ArcGIS 耦合 HEC - RAS模型法计算洪峰流量,计算结果为:水位为 404.4～412.5 m,流量为 8570～23350 m³ · s⁻¹(见图 5-46)。

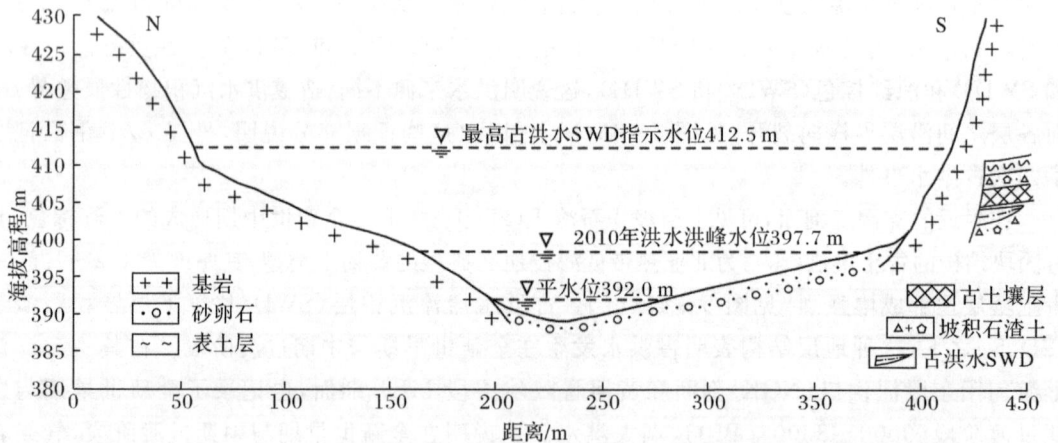

图 5-46　丹江竹林关段 LZT 地点 7 号河槽断面形态与古洪水、2010 年大洪水洪峰水位

第四节 洛南县震旦系地层系统和黄土地貌

洛南盆地位于秦岭东部主脊太华(华山)山脉与蟒岭山脉之间,西北距西安市约 150 km,盆地东西向长 63 km,南北宽 15 km,南洛河横贯其中。南洛河是秦岭主脊以南唯一一条属黄河水系的一级支流,它发源于秦岭山脉海拔 2449 m 的箭峪岭东南部的洛南和蓝田两县交界附近蓝田一侧的木岔沟,由西北以略偏东南方向流经洛南盆地,在汇集了众多的发源于南北两侧山地的大小支流后,在洛南盆地构成一个以南洛河为主干的树枝状的河流水系。新生代以来,由于受到秦岭山地间歇性断裂上升活动的影响,随着侵蚀基准面的不断下降,南洛河及其支流两侧分别发育 3、4 级完整的河流阶地及更高的 5、6 级强烈侵蚀后的层状古老阶地,形成从丘陵、低山到中山的台阶状地貌。

一、洛南县震旦系地层系统

洛南县地处华北区南缘,在早震旦世,除在华北东南部的苏鲁皖、淮南地区和豫西地区见有震旦系下统的陆源碎屑沉积之外,华北古陆南缘主要发育了以罗圈组为代表的上震旦统。

洛南县上张湾是罗圈组出露的典型区段之一(见图 5-47),它以平行不整合关系沉积于马家湾组之上,由上、下两段岩性迥异的岩石组合而成。其中:上段为碎屑岩,压扁层理、波状层理、透镜状层理和砂泥互层层理等潮汐层理十分发育,人字形交错层理、各种形态的波痕及扁平泥砾等潮坪沉积构造也很常见,反映了本段为典型的潮坪沉积;下段是一套成因有争议的粗碎屑沉积,它由纹层状砾石质白云岩-白云质砾岩、块状白云质砾岩和纹层状含砾砂屑白云岩三部分组成。目前的主流认识将下段视为冰成沉积,具有如下沉积特征。

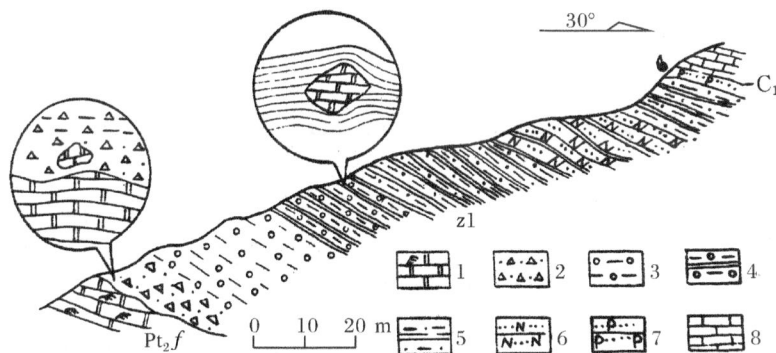

1—叠层石白云岩;2—块状白云质角砾岩;3—纹层状砾石质白云岩;4—纹层状含砾碎屑白云岩;
5—砂质黏土板岩;6—长石石英砂岩;7—磷质砂岩;8—灰岩

图 5-47 洛南上张湾上震旦统罗圈组实测剖面图

1. 纹层状砾石质白云岩-白云质砾岩

纹层状砾石质白云岩-白云质砾岩岩相中的各种粒级混杂,具棱角-次棱角状外形,以多种碳酸盐岩屑为主,一般认为是由运动在碳酸盐基底上的冰川形成的。该套岩相厚度小,与上覆地层无明显的间断,而且又常常缺失,砾石含量相对较少,砾径小,棱角状发育,成分单一,表明它应属局限于碳酸盐岩基底上活动的搬运距离不远的小范围的冰川。纹层明显表明它属静水沉积,该岩相是在冰前浅水环境中形成的。

2. 块状白云质砾岩

块状白云质砾岩岩相不存在冰溜面或冰川擦痕,且很少具有冰碛岩的特征,将其归因于水下泥石流成因更为合适。但从其上覆纹层状含砾砂屑白云岩相中出现大量冰坠石来看,它来源于冰川,是经滑塌、滑动或重力流改造过的冰碛物。

3. 纹层状含砾砂屑白云岩

纹层状含砾砂屑白云岩岩相是由浮冰消融时所带砾石坠入水体沉积而成,并由其位能对沉积物产生冲击作用形成切断下部纹层的现象。随着层位向上,坠石的粒径越来越小,含量也减少。相对碳酸盐岩岩屑来说,石英砂岩岩屑的含量在不断增多。这些都反映了气候渐渐转暖冰川逐步退缩的过程。

上述表明,洛南上张湾地区的罗圈组应是一套冰成岩系,属冰海相沉积。只是在沉积的过程中,夹有浅水泥石流沉积,其物源是冰川碎屑。

二、黄土地貌

洛南盆地的黄土堆积主要分布在南洛河及其支流的第一到第三级阶地上,厚度从 10 m 到 25 m 不等,这里的黄土堆积有清晰的黄土-古土壤旋回。鹿化煜教授课题组在洛南盆地的上白川遗址和刘湾遗址,对南洛河及其支流阶地,以及其上覆黄土进行了深入研究。上白川遗址位于南洛河支流县河的第二级阶地上,河流阶地砾石面高出现代河面数米到十几米,其上覆盖的黄土底界的年代为距今 1100 ka,表明该阶地大约形成于这个时代。刘湾遗址位于南洛河支流麻坪河的第二级阶地上,其上覆盖 12 m 厚的黄土,底部的年代距今 500~600 ka,表明该阶地的形成时代与这个年龄接近。

(一)黄土剖面描述

1. 永丰镇上白川剖面

上白川剖面位于洛南县城以西约 7 km 处,海拔高度 1037 m,剖面厚度 24.8 m。遗址地层堆积可划分为 A、B、C、D、E、F 等 6 段:A 段 0~7.6 m,东西走向,地层水平;B 段 7.6~10.5 m,C 段 10.5~15.0 m,D 段 15.0~18.5 m,B、C 和 D 三段南北走向,地层向北倾斜,视倾角 15°左右;E 段 18.5~21.5 m,东西走向;F 段 21.5~24.8 m,此段为砖厂取土场平面以下的下挖剖面(见图 5-48)。上白川地层剖面描述如下。

第 1 层:古土壤层,0~1.9 m,浊红棕(2.5YR5/4)到亮红棕(5YR5/6),顶部含大量植物根系,向下逐步减少,在深约 2 m 处还存在根系。上部土壤黏性较好,色杂,有黑色氧化锰胶膜及生物作用痕迹,块状结构,有垂直裂隙发育。

第 2 层:黄土层,1.9~2.6 m,亮棕(7.5YR 5/8),粉砂质,色杂,含黑色斑点及生物痕迹,有动物扰动土、团粒及砂团状浅色物质。

第 3 层:古土壤层,2.6~3.6 m,暗红棕(5YR 3/6),黏土质,有细小孔洞和黑色氧化锰胶膜,生物活动痕迹逐渐减弱,垂直解理发育,块状结构。

第 4 层:黄土层,3.6~4.6 m,亮红棕(10YR 6/8),粉砂状,多生物作用遗迹;有棕红色氧化铁胶膜,色杂,有细小孔洞。

图 5-48 洛南县上白川黄土剖面

第 5 层：古土壤层，4.6～6.4 m，亮棕(7.5YR 5/6)，多细小孔洞和黑色斑点，有生物作用痕迹；棱块状解理，有氧化锰胶膜，略呈粉砂质。

第 6 层：黄土层，6.4～7.6 m，亮红棕(10YR 6/8)，粉砂质，团状，色杂，多生物作用痕迹，有黑色斑点和浅橄榄绿粉砂团。

第 7 层：古土壤层，7.6～8.2 m，亮棕色(7.5YR 5/8)，多细小孔洞和黑色氧化锰、氧化铁斑点，垂直解理发育，棱块状构造，粉砂质。

第 8 层：黄土层，8.2～10.5 m，色杂，变化大，下部亮棕(7.5YR 5/6)，上部颜色为灰黄(2.5YR 6/2)，间夹杂亮棕条带(7.5YR 5/8)；粉砂质，含黑色氧化锰胶膜及红棕色氧化铁胶膜，下部增多；有生物作用痕迹，潜育化作用强烈，在干燥状况下有垂直裂隙，坚硬。

第 9 层：古土壤层，10.5～11.5 m，浊红棕(2.5YR 4/4)，黏土质，垂直解理发育，棱块状构造，含黑色氧化锰胶膜，可见粉砂状浅色团聚体，颜色较上层单一。

第 10 层：黄土层，11.5～12.0 m，亮棕(7.5YR 5/6)，粉砂质，有棕红色团状粉砂团及黑色氧化铁胶膜；渗水，下部古土壤层可能是隔水层。

第 11 层：古土壤层，12.0～12.8 m，红棕(5YR 4/6)，土壤质地较黏，粒度较细；垂直解理发育，棱块状构造；有黑色氧化锰胶膜。

第 12 层：黄土层，12.8～15.0 m，亮棕(7.5YR 5/6)，粉砂质，多细小孔洞及生物遗迹；下部渗水，中部氧化锰胶膜增多。

第 13 层：古土壤层，15.0～15.7 m，亮红棕(7.5YR 5/8)，粒度较细，垂直解理发育；棱块状结构，有黑色的氧化锰胶膜，含细小粉砂团粒。

第 14 层：黄土层，15.7～17.0 m，亮红棕(10YR 6/6)，粉砂质，色杂；含黑色氧化锰胶膜，多细小孔洞，有生物作用痕迹。

第 15 层：古土壤层，17.0～17.8 m，红棕(2.5YR 4/6)，较黏，垂直解理发育；棱块状构造；含黑色氧化锰胶膜，较纯；夹粉砂团，有针孔状结构。

第16层:黄土层,17.8～18.5 m,亮棕色(7.5YR 5/8),粉砂质,多针孔状结构,有黑色氧化锰胶膜,含红棕色团状黏土团。

第17层:古土壤层,18.5～19.7 m,红棕色(5YR 4/6),较黏,垂直解理发育,含少量红色氧化铁及大量黑色氧化锰胶膜,质地密实。

第18层:黄土层,19.7～21.5 m,上部偏红橙色(7.5YR 6/6),下部偏黄亮黄棕(2.5Y 6/6),粉砂状,多针孔状结构,色杂,有黑色氧化锰斑点,有生物作用痕迹。

第19层:古土壤层,21.5～22.2 m,红棕(5YR 4/4),粒度较细,密实;含大量氧化锰胶膜,有针孔状结构,含粉砂质,有生物作用痕迹。

第20层:黄土层,22.2～23.3 m,亮红棕(10YR 6/8),粉砂质,多针孔状结构;含黑色氧化锰斑点;少见生物作用痕迹;有氧化铁胶膜,为浅红棕色,颜色较纯。

第21层:古土壤层,23.3～24.8 m,红棕(5YR 4/8),粒度较细,有粉砂质团粒,针孔状结构少,有黑色氧化锰胶膜,颜色较纯,有生物作用痕迹;有银白色金属膜析出,呈零星的斑点状。

2.城关镇刘湾剖面

刘湾剖面位于洛南县城以北 6 km 处(34°08′37″N,110°08′13″E),海拔高度948 m,这里的黄土-古土壤出露较好,剖面厚度13 m,砖厂取土场地面以上的10.45 m 的堆积可分为4层黄土和4层古土壤层。砖厂取土已使大量石制品脱层,石制品类型包括石核、石片、砍砸器、手斧、薄刃斧、手镐、石球和刮削器等。从砖厂取土场地面继续下挖约3 m 后,在深度11.8 m 处开始出现砂层。刘湾地层剖面描述如下(见图5-49)。

图5-49 洛南县刘湾黄土剖面

第1层:耕作层,0～0.5 m,黄棕色(10YR 5/6),较干,根系发育,多虫孔,疏松团状;人为扰动强烈,0.4 m 深处发现瓦片。

第2层:黄土层,0.5～1.3 m,亮棕色(7.5YR 5/6),较潮湿,块状结构,砂级颗粒;含虫孔及少量植物根系,有生物作用痕迹;部分有黑棕色氧化铁、氧化锰胶膜,发育垂直裂隙。

第3层:古土壤层,1.3～2.4 m,浊红棕色(5YR 4/4),团粒结构,有黑色氧化锰斑和少量黑色炭屑,大量生物残遗,土壤黏性好。

第4层：黄土层，2.4～2.8 m，亮棕色(7.5YR 5/6)，粉砂状结构；有团粒、虫孔和植物根系作用痕迹；含有直径约5 mm的碳酸盐斑块。

第5层：古土壤层，2.8～3.6 m，浊红棕色(5YR 4/4)，团粒结构，含黑色斑点状氧化锰胶膜，有橄榄黄(5Y 6/4)团状沉积，似受到潜育化作用，有直立性。

第6层：黄土层，3.6～4.0 m，亮黄棕色(10YR 6/6)，粉砂状，有团粒结构，含黑色斑点状氧化锰胶膜，有橄榄黄(5Y 6/4)团状沉积，似受到潜育化作用；此黄土层不连续。

第7层：古土壤层，4.0～5.8 m，红棕色(5YR 4/6)，团粒结构，含黑色氧化锰斑点和胶膜，下部有淡黄色(5GY 8/3)团粒状物质，为潜育化作用；有生物扰动痕迹；5.5 m处发现石英质小碎石。

第8层：黄土层，5.8～6.0 m，亮黄棕色(10YR 6/6)，粉砂质团块，含黑色斑点，偶见灰橄榄黄团块；有生物作用痕迹。

第9层：古土壤层，6.0～7.0 m，浊红棕色(5YR 4/4)，颜色较复杂，含黑色斑状胶膜及零散橄榄黄斑状沉积；土壤黏性较好，有团粒状结构，可见生物作用痕迹。

第10层：黄土层，7.0～7.4 m，亮棕色(7.5YR 5/6)，粉砂质，颜色较杂，有黑色斑点。

第11层：古土壤层，7.4～8.2 m，红棕色(5YR 4/6)，有黑色及铁锈色胶膜，成团簇或斑点状；质地较黏，有生物作用痕迹。

第12层：黄土层，8.2～9.4 m，亮棕色(7.5YR 5/6)，含黑色胶膜，斑点状或枝状；含橄榄色团状聚集，粉砂质；颜色较杂，下部杂色较深；黑色枝状胶膜似植物根系。

第13层：古土壤层，9.4～9.9 m，红棕色(5YR 4/8)，较黏，有黑色氧化锰胶膜和橄榄色团状聚集，有生物作用痕迹。

第14层：黄土层，9.9～11.8 m，亮棕色(7.5YR 5/6)，粉砂质，含橄榄绿色粉砂质团状体及植物残迹，颜色较杂，有黑色氧化锰胶膜。

第15层：含砂砾黄土层，11.8～12.5 m，亮棕色(7.5YR 5/6)，色杂，含砂、砾，砂砾直径多1～5 mm，个别可达2 cm，分选差。

第16层：砂砾层，12.5～13.0 m，亮棕色(7.5YR 5/6)，含大量粉砂至砾级物质，砂砾直径1～2 cm不等，与少量泥质沉积物混杂，分选磨圆极差，为冲洪积物质，无成壤作用特征。

由黄土沉积和地层描述可知，洛南盆地的黄土堆积具有典型的风成黄土的特征：分布在河流阶地和山地上平坦的地貌部位，无层理，颜色与黄土高原南部的黄土堆积类似，风化黄土层和古土壤层交替，以粉砂级颗粒为主（平均粒径12 μm 左右，>63 μm 的砂粒级含量小于1%），全剖面的粒度变化在10～16 μm 之间，有陆生蜗牛化石，等等。不同之处是在研究的两个剖面下层有橄榄绿色沉积，表明个别层位有地面流水或潜育化作用，可能是这里的降雨量大、地形复杂等因素影响的结果。

（二）黄土沉积年代及启示

鹿化煜教授等根据对黄土地层结构的分析，结合绝对测年、磁性地层测试和沉积速率估算等，认为南洛河上游的黄土堆积具有典型风成黄土堆积的特点，并可能在早更新世期间便已经开始堆积。这一推断是基于下述事实：①调查的黄土剖面具有发育清楚的多个黄土-古土壤旋回，其结构与黄土高原南缘的更新世黄土相似，是冰期-间冰期旋回的沉积；②通过对黄土堆积的光释光年代学测试，古土壤地层发育于间冰期，而黄土层发育于冰期，因此洛南盆地的黄土堆积是长时间尺度的产物,与冰期-间冰期旋回对应;③在有绝对年龄控制时间段内,用沉积厚度除以堆积时间,得到洛南盆地黄土的沉积速率为 1.6~4.6 cm/ka,低于黄土高原中部(西峰和洛川)平均 5~7 cm/ka 的沉积速率,但与黄土高原南部黄土沉积速率接近。根据剖面上部的黄土沉积速率外推,洛南盆地黄土堆积的时间可达上百万年。

洛南盆地是东秦岭主要盆地之一,通过对洛南盆地两个样点黄土剖面的研究,发现与前人工作的不同点在于:①以前的地层划分总是认为最上层是全新世的土壤,实际上东秦岭地区全新世黄土堆积保存很差,光释光年龄数据表明,整个马兰黄土堆积期都被侵蚀掉,地表只有末次间冰期的沉积。②以前的研究工作在于寻求地层结果的同性,比如,S_5 应该具有"红三条"的特征等。实际上由于黄土地表过程的复杂性,存在"片段"侵蚀现象,沉积记录可能存在部分缺失,难以获得完美的地层结构对比。③虽然野外详细的地层观察和磁化率测试结果有可比性,但是也存在不匹配的问题,一个原因可能是东秦岭的黄土堆积总体上风化强烈,野外辨认黄土和古土壤层存在误差;另外一个原因可能是东秦岭地区比较湿润,较多的降水或较高的地下水位影响了黄土磁性物质组成,使部分层位的环境磁学性质发生了改变。因此,野外地层划分与磁化率变化难以完美对应,不同于已发表的众多土壤地层与磁化率完美对应的结果。这可能提醒我们在把磁化率变化作为地层变化代用指标时要慎重。④由于黄土堆积是草原环境下的地表粉尘堆积,其封闭性较差,每层黄土都曾暴露于地表并经过复杂的过程,因此,基于黄土地层中有限的 ^{14}C 年龄判断黄土堆积的上部是全新世形成的常常有很大的不确定性,尤其是在研究秦岭地形复杂的地区要特别慎重。

第五节　柞水泥盆系岩相剖面地质遗迹和岩溶冰川地貌

柞水县位于南秦岭造山带北部,以山阳-凤镇断裂为界,北部属礼县-柞水南秦岭华力西褶皱带,南部属南秦岭印支褶皱带。

一、柞水泥盆系岩相剖面地质遗迹

柞水泥盆系岩相剖面位于风洞-石瓮镇之间的公路两侧,全长约 5 km,该剖面是在秦岭发现的典型、完整的岩相剖面。所谓岩相就是沉积物的岩性、特点和形成环境的总称,可以根据沉积物的特点来分析它形成的古地理环境。如一块石灰岩上面有反映浅海环境生长的珊瑚等古生物化石,就可判定形成岩石的古地理环境是浅海。所以根据地层岩相特点及时空变化,可以推测、分析当时的古地理环境变迁。

该剖面出露距今 3 亿多年前所形成的泥盆系中、上统,是滑塌重力流沉积发育的典型区段(见图 5-50)。龙洞沟组底部为白云质砂砾岩和细砾岩夹钙质粉砂岩,下部为砂屑灰岩夹钙质砂砾岩、白云质砂岩及钙质粉砂岩,上部为灰绿色及杂色杂岩夹少量紫色粉砂质板岩。二台子组下部为砂屑灰岩、角砾灰岩夹粉砂质板岩、泥灰岩及生物灰岩,上部为中-厚层状结晶灰岩。龙洞沟组和二台子组厚度近 500 m。古道岭组与龙洞沟组为同时异相,厚数米至一百余米。古道岭组分布于南部,为硅质碎屑与碳酸盐岩的混合大陆架体系,龙洞沟组分布于北部,为潮缘相与扇三角洲的近岸沉积。潮缘相主要为水道状砂岩、砂砾岩或鲕粒灰岩和核形石灰岩的透镜体与薄-中层粉砂岩、泥岩、白云岩的互层组成的旋回沉积。扇三角洲体系是厚层砂岩和砾岩组成的旋回沉积。砾岩结构杂乱，富含基质，砾石成分有来自元古宙变质杂岩的变粒岩、花岗岩、闪长岩和片麻岩，也有寒武系-奥陶系的石灰岩与白云岩。砂岩多为长石石英砂岩，具粒序和交错层，基底冲刷面清楚，岩体呈楔状体向盆地方向尖灭，在剖面上与滨岸或大陆架沉积呈相变关系。上统星红铺组与二台子组也为同时异相，厚 400~1000 m。星红铺组分布于南部，主要为粉砂质泥岩夹薄-中层状石灰岩，属于大陆架体系。二台子组分布于北部，主要为碳酸盐岩建隆与斜坡相碳酸盐岩。前者由厚层-块状的粒屑泥晶灰岩与礁灰岩组成，最大厚度为 200~300 m，东西延伸 20~30 km，宽数千米；后者为泥灰岩、薄层粉砂质灰岩夹杂乱角砾灰岩与滑塌块体。滑塌角砾岩呈席状产出，厚度一般在 4 m 以上，层序稳定。砾岩呈基质支撑，砾石成分为深灰色及灰黑色灰岩和泥灰岩，砾石大小不一，一般为 2~20 cm，大者可达1 m 以上，呈板条块状或为磨圆度较好的似球状、棱角状与滑塌褶皱紧密共生，内部具有复杂的褶皱并被错断成钩状，同时发育软沉积物变形和层内截切面。砾石随机定向，大者长轴多近于平行层面排列。基质中见少量腕足类等浅水动物化石碎片，显然是来自浅水台地。岩层上下界面截然不同，基底较平坦或具侵蚀、变形和侵蚀沟，顶层面波状起伏。

(a)中泥盆统龙洞沟组的海底扇堆积

(b)上泥盆统中滑塌的杂乱角砾灰岩和滑塌块体

(c)上泥盆统薄层粉砂岩、粉砂质灰岩与角砾灰岩的互层

(d)上泥盆统薄层粉砂岩、粉砂质灰岩中的滑塌"钩"状褶皱

图 5-50　柞水县东沟泥盆统沉积

　　泥盆系地层下伏地层为距今 5 亿~4 亿年前的寒武-奥陶系白云质灰岩，代表着一套浅海环境下的沉积产物，反映当时该区为广阔温暖的浅海海域。剖面上出露有河流相、冲积扇相、河口湾相、海潮坪相、浅海陆棚相、生物礁相及次深海盆地相等沉积组合。在剖面上还可见到风暴岩、生物化石等不可多见的反映沉积环境特征的现象。剖面沉积层序保存完整，界线清

楚,由沉积序列所反映的海平面相对变化,清楚地再塑了沉积盆地的发育史,为研究东秦岭晚古生代地理环境变迁提供了实证。

二、柞水溶洞国家地质公园岩溶地貌

柞水国家地质公园位于柞水县石瓮镇,是西北罕见的柞水溶洞群地质遗迹景观,上百个溶洞布满周围的石灰岩群山。公园主要岩石为距今3.5亿年前的泥盆系中上统,以浅变质细粒碎屑岩为主。距今约5.4亿年前的前寒武纪的变质岩和岩浆岩是由秦岭早期的岩石组成,称为秦岭基底岩石。发育岩溶地貌的是寒武系中统-奥陶系的石灰岩、白云岩等碳酸盐岩。

(一)地质遗迹类型及科学价值

1.地质遗迹类型

柞水溶洞国家地质公园地质遗迹包括4个大类、7个亚类(见表5-2)。溶洞化学沉积、峰丛地质遗迹是秦岭造山带和中国南北气候过渡带背景上发育的岩溶(见图5-51);蚀余碳酸盐岩地质遗迹、特殊的硅板地质遗迹国内罕见,有助于研究岩溶发育的全过程;前寒武纪杂岩地质遗迹有助于研究南秦岭构造运动、前寒武纪岩浆活动;泥盆系岩相剖面地质遗迹有助于研究分析南秦岭泥盆纪古地理环境变化。

表5-2 柞水溶洞国家地质公园地质遗迹类型划分表

大类	类	亚类	名称	控制性地质作用	主要地质特征
地质(体、层)剖面	沉积岩相剖面	典型沉积岩相剖面	泥盆系岩相剖面	海相沉积环境	海相碳酸盐岩及其显微沉积构造
	岩浆岩剖面	岩浆岩体	小磨岭杂岩体	岩浆活动	中基性侵入岩、花岗岩
	变质岩剖面	变质岩体	小磨岭杂岩体	区域变质作用	角闪岩、石英片岩
地质构造	构造形迹	中小型构造	小磨岭背斜、天洞-百神洞断裂、天佛洞背斜	构造运动	背斜褶皱及核部,断裂带遗迹
地貌景观	岩石地貌景观	可溶岩地貌景观	天佛洞、风洞等溶洞群,峰丛地貌	构造间歇抬升,流水化学溶蚀	多级溶洞,石钟乳、石笋、石柱等化学沉积,蚀余岩溶地貌
水体景观	泉水景观	冷泉景观	古道岭泉,不老泉	地下水、天然露头	古道岭泉为岩溶地下水(碳酸钙水);不老泉属于断层裂隙泉
	瀑布景观	瀑布景观	响水潭瀑布、九天瀑布	新构造运动、差异侵蚀	裂点、瀑布

天佛洞是柞水岩溶地貌中最著名的地质遗迹资源。天佛洞洞穴化学沉积物类型丰富多样,造型优美精致,以宽大靓丽的石瀑布,顶天立地的石柱(群),形态奇特的石盾、石幔、石笋,

以及丰富多彩的石花为特色（见图5-52、图5-53）。

图5-51 柞水溶洞国家地质公园峰丛地貌景观

图5-52 柞水溶洞国家地质公园天佛洞石柱和石帷幕

风洞由于其洞壁上发育的奇特板状地质遗迹而闻名。它们互相平行、密集排列，就像一个个倒插在洞壁岩石中，这是一种特殊的硅板。一般溶洞主要是化学沉积物（石钟乳、石笋等），侵蚀残余的石灰岩少见。而在柞水风洞中保留有侵蚀残余的特殊硅板，是沿着碳酸盐岩石的一组节理裂隙，含有二氧化硅的热液渗入结晶形成。当受到地下水的溶蚀时，岩石的其余部分均已经被溶蚀掉，唯独裂隙中的二氧化硅因坚硬不溶故而突出得以保存，形成厚薄不一（几毫米至2～3 cm）、宽板状的硅质石板。

图 5-53　柞水溶洞国家地质公园天佛洞石笋和鹅管(石笋前身)

2.地质遗迹的科学价值

1)泥盆系岩相剖面科学价值

(1)陕西秦岭泥盆系岩相剖面为发育在古老地块之上的碳酸盐台地沉积,从底部冲积相到顶部的台缘生物礁和次深海盆地相细屑浊积岩,整体构成一部镶边的碳酸盐台地沉积模型的发生、发展、消亡的演化历史。剖面上出露的河流相、冲积扇相、河口湾相、海潮坪相、浅海陆棚相、生物礁相及次深海盆地相等沉积组合以及各种微相带清晰可见,同时在剖面上还可见到风暴岩、鸟眼构造、生物化石等反映沉积环境特征的现象。

(2)剖面上沉积层序保存完整,界线清楚,并发育有特征的饥饿段沉积〔又称浓缩段、凝缩段沉积,是沉积层序中部的一个厚度很薄、由沉积速率极低的(小于 1 厘米/1000 年)半远海-远海沉积物构成的地层单位〕。由沉积层序所反映的海平面相对变化,清楚地再塑了沉积盆地的发育史。通过这些地质遗迹可重塑当时当地的自然景观和演化历史。

(3)柞水中上泥盆统岩相剖面是国内仅有的研究秦岭泥盆系古地理环境的典型剖面。泥盆系岩相地质剖面反映了秦岭褶皱带泥盆纪时期的地学风貌,体现了微型镶边碳酸盐台地的形成与消亡。

该剖面是秦岭造山带唯一的泥盆系岩相剖面,是国内重要的地层剖面类地质遗迹。该剖面在国内外同类沉积地层中均具有地区的唯一性和岩相典型性,对于解读秦岭山脉在 3 亿多至 4 亿年前古地理沉积环境,研究秦岭造山带构造演化和区域成矿作用均具有重要意义,至今仍被地质学界科技人员高度关注。此外,该剖面曾作为第三十届国际地质大会的野外科学考察路线。

2)小磨岭杂岩科学价值

(1)国内学者通过综合地质、地球化学研究结果认为,小磨岭杂岩中的基性岩形成于板内构造环境,在岩浆演化过程中受到了陆壳物质的混染,是秦岭新元古代陆内扩张背景下岩浆作用的产物。

（2）小磨岭杂岩中的基性岩是中元古代末至新元古代早期构造旋回结束之后,扬子板块北缘及秦岭内部裂解作用中岩浆活动的产物,与邻区分布的耀岭河群火山岩具有相近的时代、相同的成因关系,共同反映了中、南秦岭构造带新元古代晚期块体伸展裂解、裂谷火山作用发育的地质演化过程。

（3）小磨岭杂岩是秦岭前寒武系基底的一套岩石组合,是秦岭造山带中出露的古老的基底岩体。

综合地质、地球化学研究成果认为,小磨岭杂岩中的基性岩是秦岭新元古代末陆内扩张背景下岩浆作用的产物。这对于恢复新元古代秦岭岩浆活动和古地理环境,分析秦岭立交桥式构造有重要意义,为探讨秦岭造山带前寒武纪的构造演化及格局提供了重要证据。

3)岩溶地质遗迹科学价值

公园岩溶地质遗迹地处中秦岭礼县-柞水华力西褶皱带,属于北亚热带和暖温带的气候过渡带且处于造山带中。典型的岩溶地质遗迹,溶洞地貌和峰丛地貌兼而有之,溶洞数量巨大,岩溶过程显著,成层状分布,反映出造山带岩溶受地壳间歇性抬升、河流强烈下切侵蚀溶蚀因素影响明显的特征,使其成为中国西北内陆罕见的溶洞峰丛群。这种处于强烈上升的造山带和气候过渡带的岩溶发育特点反映了喜马拉雅运动以来秦岭地壳多期间歇性抬升的演化过程,对于研究中秦岭地质发展史具有重要的科学意义,在中国北方岩溶地貌研究中亦具有特殊的科学地位和价值。偌大的岩溶面积(溶洞群、峰林地貌)在南北方过渡地带稀有独特。公园风洞成规模,且完好保存有碳酸盐岩被流水侵蚀、溶蚀后残余的原岩产状、结构及形态,成景特殊。这种蚀余碳酸盐岩地质遗迹在国内溶洞中罕见,对于认识和研究岩溶作用对原岩的影响有重要价值,风洞亦有望为此类研究提供实验场所。

(二)地质发育简史与溶洞形成时间

1.地质发育简史

1)地层发育

公园主要地层从老到新简述如下。震旦系(Z):震旦系下统由次深海相中、深变质碎屑岩、基性火山岩组成;磨沟峡(小磨岭)杂岩(Z_{1MG}):由斜长角闪岩、黑云石英片岩、绿泥石石英片岩、灰绿色火山岩、辉绿岩、辉长岩、闪长岩、大理岩和花岗岩组成,为前寒武纪基底杂岩;寒武-奥陶系($\in O$):稳定的台地型碳酸盐岩沉积,寒武系下统为碳、硅质岩;泥盆系(D):泥盆系以殷家沟-磨沟口断裂(属于凤县-山阳深大断裂之一部)为界,分为泥盆系北区和泥盆系南区。泥盆系只发育中、上统,由滨岸-潮坪相碎屑岩夹碳酸盐岩组成,为陆棚-局限台地相碎屑、泥质、碳酸盐岩沉积,化石保存较好,厚度较大。

2)变质作用与岩浆活动

公园可见秦岭最古老的岩石——前寒武纪基地杂岩,分布在公园西北部九天山景区,由基性火山岩、陆源碎屑岩和辉长-辉绿岩、闪长岩、花岗岩组成,为前寒武纪基底杂岩,均经受了变质作用。九天山景区有距今5.4亿～4.1亿年的加里东运动期基性浅成侵入岩(辉绿岩)、深成侵入蚀变中-细粒辉长岩和花岗斑岩岩脉出露。

公园北部有距今4.1亿～2.5亿年华力西运动期中性深成侵入岩(中粒石英闪长岩)。公园西北部广布距今2.5亿～2.27亿年印支期中-粗粒斑状二长花岗岩基。公园西部有距今2.27亿～0.65亿年燕山早期花岗斑岩岩株。

3)公园地质历史

距今约 6 亿~4 亿年前,加里东运动使扬子板块北缘翘起后,海西期海水自南向北逐渐超覆,该区开始接受沉积。柞水-镇安一线处于浅海环境,沉积了寒武纪和奥陶纪的海相碳酸盐类地层,为以后溶洞的发育奠定了物质基础。中泥盆世末至晚泥盆世初期,该区接受了冲积扇相复成分砾岩沉积。随后海平面持续上升,该区依次出现了以碳酸盐岩沉积为主的局限台地相、开阔台地相和台地边缘生物礁。在距今 2.3 亿年前,印支期岩浆活动形成了花岗岩等诸多侵入岩体,使区内先期岩层发生褶皱断裂,破坏了石灰岩的完整性,为岩溶的发育创造了构造空间条件。距今 2400 万年的新近纪开始,该区随秦岭主峰再次隆升,并同时存在揭顶、风化和剥蚀作用。距今约 260 万年的新近纪末第四纪初,乾佑河水系逐步形成。与此同时,乾佑河及其所提供的地下水及地表水开始对碳酸盐岩地层进行冲蚀、溶蚀,最后形成现今的岩溶地貌景观。

2.溶洞形成时间

1)溶洞的形成原因

(1)碳酸盐岩石形成溶洞的物质条件。公园区域凡喀斯特作用发育的地区,必有碳酸盐岩地层分布。碳酸盐岩具备了较强的可溶性质。在流动的水、过量二氧化碳的作用下,岩石被溶解,钙离子和碳酸根离子被水溶液带走,然后在适宜的地点又再次沉积,形成很多具有观赏价值的喀斯特地貌景观。其化学作用式表示为:

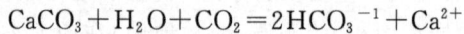

$$CaCO_3 + H_2O + CO_2 = 2HCO_3^{-1} + Ca^{2+}$$

公园内的奥陶系、泥盆系石灰岩,一般含难溶物较少,且结晶颗粒粗大,溶解度大,喀斯特作用程度剧烈。

(2)褶皱断裂是形成溶洞的构造条件。岩溶地貌的发育与地质构造关系密切,很多典型的岩溶区均受构造的严格控制。风洞基本是沿着背斜核心发育的,在风洞内可以明显见到背斜的转折端,转折端部位的纵向张裂隙密集分布,流水沿着裂隙不断渗入,侵蚀、溶蚀使得裂隙逐渐加大加宽,最终形成风洞。断裂和褶皱构造相比,尤其是断裂构造发育区,沿断裂带被断层破坏的碎裂石灰岩地带岩溶发育极为强烈,故断裂(断层)的规模、性质、走向,断裂带的破碎及填实程度,都和岩溶发育密切相关。柞水溶洞群的形成除了与岩性有内在联系外,地质构造作用的影响也不可忽视。地质构造破坏性极强,主要表现在:早期断裂破坏了碳酸盐岩地层,为岩溶洞穴的形成创造了空间条件,利于地下水的连通、浸泡与冲溶,加快了岩石溶解过程。

构造裂隙的存在有利于雨水的下渗和地下水的汇集,为水和岩石间的作用提供了空间。洞区碳酸盐岩破碎严重,为水进入岩体和岩溶发育提供了重要条件。

(3)降水和土壤是溶蚀的必要条件。本区介于亚热带和暖温带的过渡地带,雨量丰沛,相对湿度和平均日照均很适宜。碳酸盐岩受构造作用控制以小块状分布,外围有非碳酸盐岩地层包绕,具较强溶蚀能力的非碳酸盐岩外源水对岩溶水的补给,加速了岩溶发育。茂密的森林植被使得地表土壤富含微生物,其新陈代谢中产生的 CO_2 溶入入渗水体,为岩溶作用提供了动力源。

(4)第四纪以来相对稳定的地壳运动提供了充足的溶蚀时间。在石瓮镇到天佛洞的乾佑河两岸,不连续分布有含砾石的冲洪积、坡积层,顶面标高大致稳定在 750~760 m,高出现代河谷约 80 m,与此相对应,在此标高之上发育了天洞、佛爷洞、百神洞,表明在此标高地段,乾佑河曾经出现过相对稳定的一个阶段。这一时期岩溶地下水在相应标高的碳酸盐岩中存在长期活动过程,使得岩溶作用向水平方向拓展,溶洞不断扩大,最终形成了似层状岩溶发育层。

（5）后期断裂活动是洞内崩塌产生的主要动力。天佛洞在地质构造上处于两条断裂交汇部位。在洞穴形成以后，该断裂构造出现过比较强烈的活动，从而造成了早期洞顶及沉积石钟乳的坍塌。目前，在天洞内可见有大量堆积的巨型块石和各种角度的早期石钟乳。

2）溶洞的形成时间

王非等借助柞水溶洞国家地质公园多层溶洞，对晚第四纪中秦岭下切速率与构造抬升进行了深入研究。王非等采用的研究方法的基本原理是当地体抬升导致区域潜水面下降时，发育于该地区的河流总是强烈下切侵蚀，直至河床达到和潜水面一样的高度时，这种垂直下切作用就转换为沉积或水平冲蚀（拓宽）作用，产生河漫滩或阶地等地貌形态，在石灰岩地区，就可能在潜水面附近形成溶洞。如果地壳抬升是非均匀或间歇式的，下切速率也呈现交替变化特征，在地貌上将形成多级阶地，石灰岩地区则可能在河谷剖面上形成多层溶洞。阶地或溶洞之间的高程就记录了每次抬升及由此导致的河谷下切的幅度。

柞水溶洞群由3个形态完整的溶洞组成，在河谷垂直剖面上呈3层分布（见图5-54）。最上层的佛爷洞洞口距河床高115 m，第2层的天洞洞口距河床90 m，这2个溶洞位于河谷东壁。百神洞位于对面的西壁，呈2层台阶式发育，上层和天洞在相同的高程（距河床90 m），下层距河床65 m。

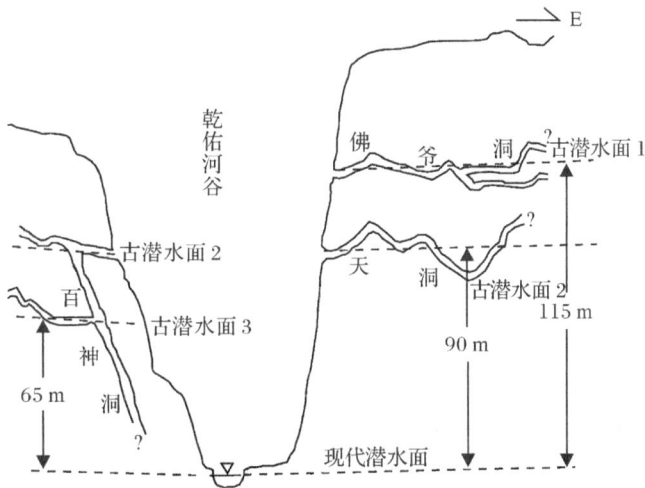

图5-54　柞水溶洞群剖面示意图

水平发育的溶洞是潜水面长期稳定的体现。一旦地体抬升，潜水面下降，溶洞的主要形态将停止发育，同时洞内开始接受渗透水的碳酸盐沉积（石钟乳、石笋和石幔等），这种沉积作用可能一直持续到现在。王非等在分别距现代河床115 m、90 m和65 m的古潜水面位置附近，采集了12个碳酸盐沉积样品，其中佛爷洞6个、天洞3个、百神洞3个，这些样品为纯白色的方解石矿物，分布于溶洞底、顶及四壁和沙土、石灰岩交接部位，以及巨大石笋的根部。然后测定全部样品的年龄，以统计的方式确定不同溶洞中最早的沉积时间。

距河床115 m古潜水面位置附近的样品为佛爷洞的6个样品，年龄分别为：(358 ± 38)ka，(330.3 ± 20.6)ka，(313.0 ± 18.4)ka，(303 ± 35)ka，(147 ± 25)ka，(84.5 ± 1.7)ka，其中后2个样品为明显的后期沉积物，其余4个样品的年龄集中在$303\sim358$ ka之间，形成最老的年龄集团。这些样品分布在佛爷洞的不同部位，因此这一统计结果表明，该事件段可能代表了佛爷洞最早的沉积期,其中最老的样品年龄(358±38)ka可能代表了距河床115 m古潜水面开始抬升的时间。

距河床90 m古潜水面位置附近采集了4个样品,包括天洞的3个:(243±25)ka,(247±28)ka和(130±16)ka,以及百神洞的(166±17)ka,其中2个年轻的样品是后期的沉积物,而最老的2个样品则代表了距河床90 m古潜水面高程线抬升的最早时间可能在(247±28)ka。

距河床65 m古潜水面高程线附近采集了2个样品,即(72±10)ka和(118±19)ka。年轻的样品为抬升以后形成的沉积物,不具备代表性,而较老的样品最接近古潜水面开始抬升的时间,即(118±19)ka。

以代表每个古潜水面最早抬升的时间之差,除以古潜水面之间的高程差,就可以得到河谷358 ka以来的下切速率:358～247 ka期间为(0.23±0.02)mm/a,247～118 ka期间为(0.19±0.03)mm/a,考虑到误差,可以认为这2期的下切速率是均匀的,约为0.21 mm/a。118 ka直至现在,下切作用骤然增强,达到(0.51±0.08)mm/a。

河谷的下切速率说明该地区中更新世以来隆升作用显著。中更新世中期抬升速率不小于0.23 mm/a,中更新世晚期至少为0.19 mm/a,而晚更新世以来快速隆升,隆升速率大于0.51 mm/a。结合东秦岭其他地层已有的研究结果,中更新世以来这种急剧隆升作用于整个秦岭东部,铸成了现今的地貌景观——平均海拔为2000 m的高山地区。

三、柞水牛背梁冰川地貌

牛背梁国家森林公园主峰海拔为2802 m,为商洛市最高点,也是东秦岭的最高点。牛背梁位于柞水县北部,为加里东和海西期形成的褶皱带,由于后期的新构造运动及河流切割作用,形成了复杂的地形。这里山高沟深,以中山地貌为主,分水岭以南地貌为深谷峭壁,山势陡险,大部分由花岗岩及火成岩组成,谷底为小溪流。山顶灌丛草甸带以上为冰积石堆积而成的山峰。谷底溪流较多,以分水岭为界,南北分流。区内地面以坡度25°～35°以上的陡坡居多,几经构造变动,断层、节理十分发育(见图5-55),它们在各种外力的综合作用下,塑造了今日牛背梁景区奇峰林立、山势峥嵘的险奇景色。

图5-55　柞水牛背梁两组交错节理

牛背梁是秦岭造山带的典型缩影,拥有丰富的地质遗迹。除高山峡谷、石林、石柱景观外,在海拔 2600～2800 m 的高山主峰上,至今还保留着完整的、千姿百态的第四纪冰川遗迹——冰川沉积物——冰积石,亦称"冰川石海"。这次冰川发生在距今六七万年前的晚更新世末,在陕西称太白冰期,相当于李四光教授确立的大理冰期。各种冰川地貌较发育,在主峰一带的石河、石海(见图 5-56),集中分布着大量的巨石,这些巨石多由花岗岩组成,形状较规则,呈方形或棱形,每块体积约 1～3 m³,重量约 1～2 t。

图 5-56　柞水牛背梁第四纪冰川遗迹——石海

石海与石河属冰川冰缘地貌,是冰川消融后,在转暖的冰缘气候环境条件下,经历长期的雪冻雨渗、冻融交替、强烈风化、风蚀雪蚀、重力作用,在不同地理条件下汇集而成。

第六章
实测地质剖面

第一节　实测剖面的目的及剖面位置的选择要求

一、实测剖面的目的

在某一地段内,沿一定方位实际测量和编制地质剖面图是一项重要的基础地质研究与实习工作,也是对工作区内地层时代、层序、岩性特征、厚度、古生物演化特征、含矿层位和接触关系等进行综合研究的手段。在实测剖面工作中,凡是剖面线所经过地段的所有地质现象都要进行观察描述;各种地质数据和资料都要进行测量和收集;所涉及的地质问题都要详细进行研究,包括:剖面线的地形变化,各时代地层的岩性特征及厚度,古生物化石层位及所含化石的种属特点,地层的接触关系;系统采集岩石标本及化石标本。采集的各种样品在室内进行分析研究,以恢复古地理、古气候的特征,推断地壳运动的时期及特点。通过不同地质剖面的对比,可研究同一时期不同地区的地质环境的变化。

二、剖面位置的选择要求

在踏勘测区的基础上,选择几条典型的剖面进行实测和研究,是地质测量工作的重要内容。为了使实测剖面顺利有效地进行,选择好剖面线的位置是很重要的。剖面路线的选择有以下几点要求。

(1)剖面线要通过区内所有地层,也就是说,在剖面线最短的情况下,通过的地层越全越好。剖面线应尽可能垂直于岩层走向。有时一个剖面不能包括区内所有地层,这时可分为几个剖面进行测量,然后综合成一个连续剖面。所测每一个时代地层最好要有顶面和底面,选择发育好、厚度大的地段,以解决构造问题为主,所选剖面应反映测区的主要构造特征,剖面线要垂直主要的褶皱轴线和断层走向。

(2)剖面线经过的地段露头要好,尽可能选择连续山脊或沟谷,避开障碍物,减少平移。为使制图整理方便,剖面线尽量取直线,避免拐折太多。

(3)根据对剖面研究的精度要求,确定剖面比例尺。如果要求将出露 1 m 宽的岩性单位划分并表示出来,就应选取 1:1000 的比例尺绘制;如果要求将出露 2 m 宽的岩性单位划分并表示出来,则应选取 1:2000 的比例尺绘制;等等。所以,在实测剖面过程中,凡是在图上能表示 1 mm 宽度的岩性单位都要划分出来,而有特殊意义的矿层、标志层等,即使在图上表示不足 1 mm,也应放大至 1 mm 表示。

(4)剖面的起点与终点应作为地质点,标定在地形图上。

第二节 实测剖面的野外工作

剖面测量方法有直线法和导线法。如果剖面较短、地形简单,利用直线法便于整理;如果剖面较长且地形变化较复杂时,一般采用导线法。实测剖面的野外工作包括地形及导线测量、岩性分层、测量岩层产状、观察描述、填写记录表格、绘制野外草图、采集标本及取样等。一般需要 3～5 人,最好 5～7 人(包括前测手、后测手、分层员、记录员和样品员等)共同测制一条剖面,他们分工合作,互相配合。

一、测量导线方位、导线斜距及地形坡度角

此项工作由前、后测手(各 1 人,2 人身高最好相同)来完成。一般用 500 m 或 100 m 长的测绳,后测手持一端,前测手持另一端。测量开始时,后测手站定剖面起点,前测手向剖面终点方向前进,待到地形起伏变化处则停止。两人将测绳拉直,此时,前测手向记录员报告导线斜距——测绳终点所记米数。前测手应当注意寻找恰当的位置作为导线终点,尽量选择地形起伏的转折点部位,如沟底、山顶、坡度变化点等,使每一次导线尽量放长,减少放导线的次数,加快工作进度,减少整理的工作量。

前、后测手共同测量导线方位和地形坡度角。导线方位是指导线的前进方向,用方位角记数。前、后测手测量导线方位的误差需小于 2°～3°,取其平均值记入表格中(见表 6-1)。地形坡度的测量利用罗盘测斜仪,前、后测手分别瞄准对方相同高度部位,使视线与地面平行一致,多测几次,前后矫正,然后开始读数。以后测手为准,仰角为"＋",俯角为"－",测准后将角度连同"＋"或"－"号一同报告给记录员,记入表格中。

二、观察、描述及分层

观察、描述及分层是实测剖面的中心工作,一般都由工作细心、经验丰富的人员(1～2 人)承担。分层是根据岩石的岩性、颜色、成分、结构、构造上的差异性特征,按照比例尺的精度要求,划分出不同的岩石单位,然后在分层处做好标记(如插上小红旗等),并且将分层的位置在导线上读出,报告给记录员记入表中。观察、描述及分层时,先确定岩石大类,再根据具体特征边观察边描述,准确定名,详细描述、记录。此项工作,最好 2 个人共同承担,取样人员可同时配合,采集地层标本和各种样品。

分层人员要及时向记录人员报告分层位置、层号及岩性定名,当一导线工作完毕,及时指挥测手前进。同时,重要的地质现象要做素描图或进行拍照。对一些出露不好而又关键的地段,要向导线两侧追踪补充描述,必要时可将导线附近的地质界限沿走向平移至导线上来。如果附近不可见或难于平移时,则需要进行简单的山地工程,清理出露头以便观察。

表6-1　野外实测剖面记录表

剖面名称：　　　　　　　　　　　　　　　　　　　　　　第　页　共　页

野外记录资料												厚度计算公式						计算结果			
												$H=L(\sin\alpha\cdot\cos\beta\cdot\sin\gamma\pm\cos\alpha\cdot\sin\beta)$						厚度/m		高差/m	
				岩层产状		导线			测绳读数													
导线号	地层代号	分层号	岩性	倾向	倾角 α	方位角 φ	与走向夹角 γ	坡度角 β	前 L_2	后 L_1	斜距 L	$\sin\alpha$	$\cos\beta$	$\sin\gamma$	$\pm$	$\cos\alpha$	$\sin\beta$	分层 H_i	累计 $\sum H_i$	分层 N_i	累计 $\sum N_i$
1	2	3	4	5	6	7	8	9	10	11	12	13	14	15	16	17	18	19	20	21	22
0~1																					
1~2																					
2~3																					
3~4																					
4~5																					

记录人：　　　　　计算人：　　　　　核算人：　　　　　队(组)长：

注：(1)表中"厚度计算公式"中"±"号的取法为：实测时，以后测手为准，仰角为"+"，俯角为"-"，即上坡取"+"，下坡取"-"；

(2)当厚度值通过编写好的程序用计算机计算时，表中13~18栏可省略不填。

三、标本和样品的采集及编号

原则上对所分岩层应逐层取样，采样具体要求详见第一章第八节。标本及样品一定要准确系统编号，所有的标本及样品不准重复。一般编号要有剖面代号、层号、标本及样品类型、标本序号等。如果在实习中有多组或不同班级同测一条剖面，则班级或小组的代号也要编入。如Ⅲy—⑤—H₂，其中：Ⅲ代表三班或三组；y代表杨庄剖面；⑤代表该标本取自第⑤层；H₂代表化石标本，即该层第二块。

负责采样人员要逐层测量岩层产状，并报告记录员填入表6-1中。

四、填写记录表格

实测剖面需要在野外填写专用的记录表格(见表6-1)。表内除各水平距、高差、累计高差、产状视倾角、分层厚度等项待室内整理计算填入外,其余各项均应在野外准确无误填写。导线号要写导线起止点的位置编号,如:第一根导线为0~1,第二根导线为1~2,等等。导线方位角是记录后测手所测定的导线前进方位,注意不要把方位记反。各项地质内容的记录都要与分层号相对应,如斜距起止点,是指所分这一层在该导线测绳范围内的具体起止数字。地形坡度要以后测手为准,仰角为"＋",俯角为"－"。其他各项要准确填写不得遗漏,记录人员要及时向工作人员询问所测数据及记录内容,分层人员得知记录人员已将表格填写无误后,方可指挥测手移动测绳,记录人员应起到监督作用,保证质量。

五、绘制草图

在实测剖面中,应现场绘制草图,包括平面图和剖面图,以便在室内整理时参考。

1.野外平面图的绘制方法

首先大体确定剖面的总方位,可在野外大体测量,也可在地形图上用量角器设计剖面的总方位。绘制时以图纸的横线作为该剖面的总方位线,在图纸的上方标明北的方向(N)。在图纸上确定剖面的起始位置,一般图纸的右端为东或南,左端为西或北。如剖面的总方向为NW310°,则在图纸上应将130°方向放于右方,而310°方向放于左方,这样有利于与地形图相对应。

然后在图纸上剖面起点处沿导线方位画一条射线,在该射线上截取出导线水平距。可以根据导线斜距及地形坡度角求出水平距,公式为:$D=(L_1-L_2)\times\cos\beta$,式中:$L_1$为导线后方读数;$L_2$为导线前方读数;$\beta$为坡度角。也可以按比例用作图法求出,将导线起止点标好序号,按照导线顺序一一做出。在各导线上,按照分层水平距截取各分层位置,每分层段内要标好分层号。在适当位置标记产状符号、古生物化石采集部位等。导线分层号记在导线交换处,如有拐折,则标于导线相交角尖处。层号最好用圆圈圈起,标于分层段的中间,数字大小要一致。分层界线及产状符号等所画线的长短也要按照统一规格。

按照此方法连续画出各导线上的内容,直到剖面终点。如果中途需要平移的距离较大,则可不按作图比例尺而在图上标明平移距离,但平移方向应准确画出。

2.剖面草图的绘制方法

在图纸上,在平面图下方(或上方)的适当位置绘制野外剖面草图。此时图纸的横线即为水平线,竖线则为标高(按作图比例尺)。

确定剖面图的起点后,按照地形坡度角由起点做一条射线,在其上按作图比例尺截取第一条导线的斜距。据此,在第一条导线的终点,按照第二条导线的地形坡度角及斜距画出第二条导线。依次类推,就可以得到剖面方向上的地表地形线。在该线上截取各分层斜距,将其分层位置标明,按照实际产状,在剖面地形线下方依次绘制岩性花纹符号,标明产状及地层年代。

将折来折去的导线方位上的地形及地质内容画在同一直线上,肯定是歪曲了实际情况。第一,剖面图的长度等于剖面上导线展开的长度,而在剖面方向上长于导线平面图的长度。第二,剖面上的产状不应是实际倾角(当剖面线与岩层走向斜交时),而应是各导线方向上的视倾角,但是在野外有时来不及算,作为野外草图这种偏差是允许的,待最后整理成图时则应该校正。值得注意的是,地形坡度要准确,绘图人员应视实际情况检查测手及记录员所报坡度角的正负。在室内整理时,草图是重要的参考依据。

第三节　实测剖面的室内整理工作

一、数据计算

实测地层剖面表格内各项数据采用下列公式进行计算：

$$平距 = L \times \cos \beta$$

$$高差 = L \times \sin \beta$$

$$岩层真厚度 = L \times (\sin \alpha \cdot \cos \beta \cdot \sin \gamma \pm \cos \alpha \cdot \sin \beta)$$

式中：L 为斜坡距；β 为地形坡度角；α 为岩层真倾角；γ 为剖面导线方向与岩层走向之间的夹角。地形坡向与岩层坡向相反(穿层)时，用"＋"；地形坡向与岩层坡向相同，则用"－"。

二、实测剖面图的绘制

实测剖面图的绘制方法有两种，即展开法和投影法。当剖面导线方位比较稳定、转折较少时，用展开法作图；当剖面导线由于各种原因方向多变、转折较多时，则宜用投影法作图，如图 6－1 所示。

(一)展开法绘制实测剖面图

1.绘制地形剖面线

一般只要依据导线测量的地面斜距和坡度，计算出平距、高差。据此展绘各段导线的地形线拐点，再把斜坡线连续画出来即可。由于按照测量数据绘制出来的地形轮廓呈折线形，故应再根据野外信手剖面所反映的地形细节，将其勾画成"真迹"曲线。

2.绘制地质要素

多数情况下，实测剖面的方向都不会完全与地层的走向垂直。如果小于 $80°$，在绘制地质剖面时，需要进行真倾角和视倾角的换算。换算公式为：$\tan \beta = \tan \alpha \times \cos \omega$，其中，$\beta$ 为视倾角，α 为真倾角，ω 为剖面方向(视倾向)与倾向之夹角。用展开法实测剖面，作业流程简单，便于在野外边测边绘。

(二)投影法绘制实测剖面图

实测剖面的过程中，由于地质和地形条件的影响，导线方向不可能完全与地层走向垂直。同时，导线方向也会经常发生改变(主要是地形影响)，不能始终保持与岩层真倾向一致。这时在绘制剖面时需要采用导线投影法绘制(见图 6－1)，此法目前应用最普遍。

1.确定或选择剖面投影的总基线方位

虽然在选择剖面线位置时，就已经充分考虑了使剖面导线方位基本上垂直地层区域构造线的走向，但在实测过程中，由于通行、通视条件限制，实测导线经常转折，但其总趋势仍然应是垂直地层走向。因此在一般情况下，可将垂直地层基本走向的方位，作为剖面投影基准线的方位。但是当构造复杂，地层产状变化，不能确定某一岩层的真倾向时，就要选择一个与各主要地段岩层真倾向偏差最小的最佳方位，作为剖面投影的总基线方位。

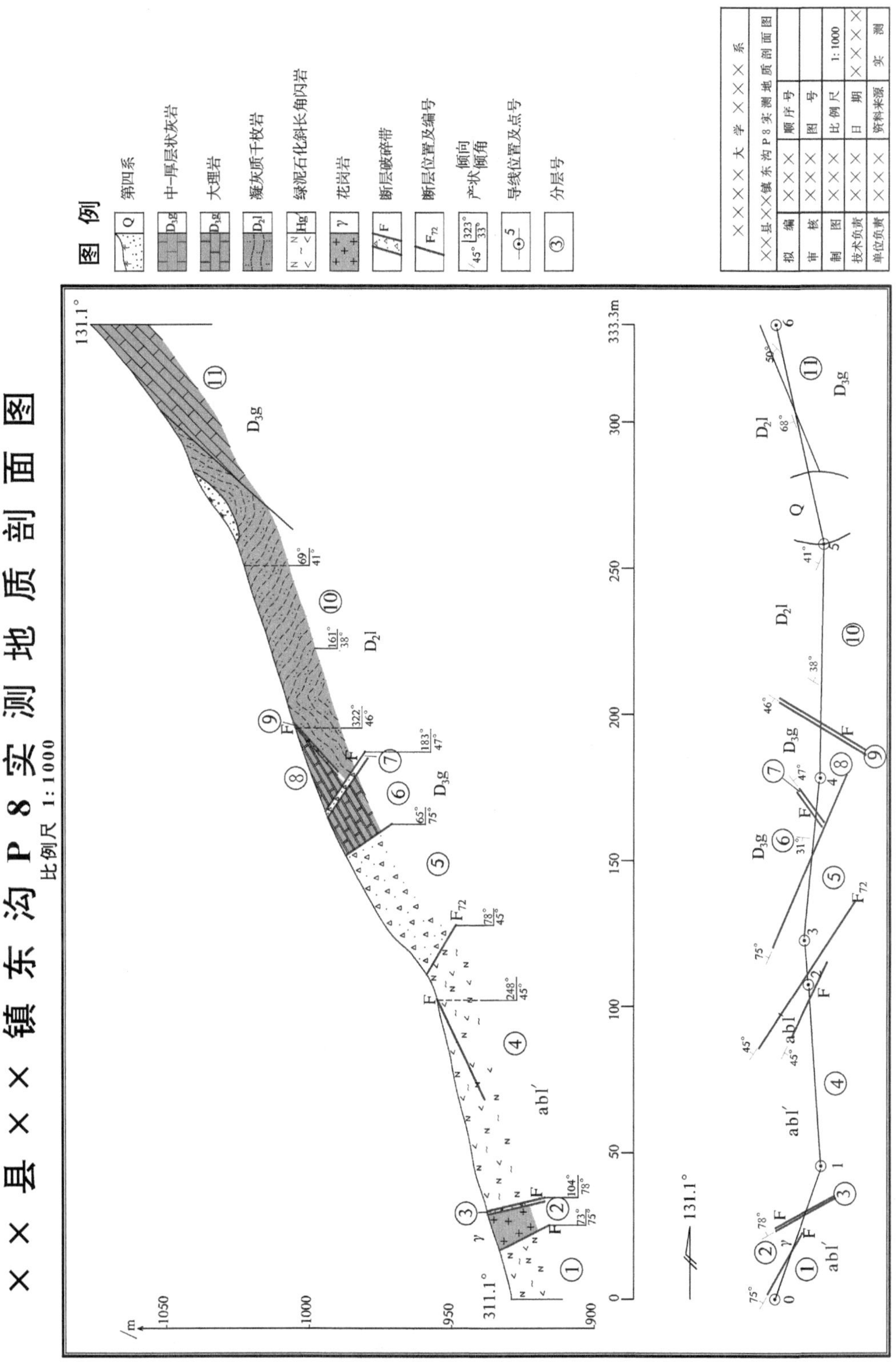

图 6-1 实测剖面图示例（上图为实测剖面图，下图为导线平面图）

2.作导线平面图

在图纸的适当位置上选定剖面的起点(0点),以水平线作为剖面总方向,再以总基线方位为基准,根据各导线方向与总基线方位的夹角及各导线的水平距离,依次画出0~1、1~2、2~3的导线平面图。同时在导线平面图上,按照相应的水平距,把各类地质要素及重要的地物等标绘到相应的位置上,构成路线地质图。然后把导线平面图上的各地质要素,侧向投影到总基线方位上。在进行这一步工作时,一定是按各地质要素的走向把导线平面图上的地质要素及导线侧向投影到总基线方位线上。

3.确定剖面的高程基准线及勾画地形线

在导线下方(或上方)的适当位置,用垂直投影法将导线0点投影到选择的位置。以起点(0点)为基点,根据导线的相对高差(或累计高差)采用垂直投影法,可得导线的投影,将各点的投影连成圆滑曲线,即绘成反映地形的剖面线。进行垂直投影时,如果没有进行导线平面图的侧向投影,则直接在导线平面上进行垂直投影。如果进行了导线平面图的侧向投影,则应以总基线方向线上各要素点的位置进行垂直投影。

4.绘制地质要素、岩性花纹

由于投影剖面线(总基线)的方向基本上垂直于地层走向,所以除局部地段产状有变化外,大多数地段都可以直接根据地层真倾角数据来绘制投影线和岩性花纹,不需要进行倾角换算。当倾角有变化,但不是因为角度不整合或断层等作用造成时,岩层面投影需要逐渐变化。

三、实测地层剖面——柱状图的编制

实测地层剖面的最终目的是对测区地层进行正确分层,把每个地层的实测剖面都编制相应的实测剖面柱状图,最后再把所有地层剖面柱状图按照新老关系编制起来,成为全区的综合地层柱状图。地层柱状图是根据计算出来的各分层的真厚度及岩性、化石比例编制而成。岩性描述力求简明,化石名单尽可能详尽列出。岩性柱根据统一规定的花纹绘出,各分层厚度统一比例尺绘出(见图6-2)。地层柱状图包括以下内容。

(1)地层系统:代、纪、世是划分地质年代的时间单位,界、系、统则是在相当于代、纪、世的时间中所形成的地层。根据古生物岩性特征,还可以将地层划分为群、组、段。

(2)地质年代:每个代(界)、纪(系)、世(统)以及群、组、段等地质时代和地层单位,都有一个通用的代号。

(3)厚度:岩层上下层面之间的最短距离。一个代或纪所形成的地层,是由许多小层组成,它们的总厚度则是这些小层厚度之和。

(4)岩性符号:用来代表各种岩性的符号。

(5)层序:按照地层的新老顺序,从下而上加以编号。

(6)岩性描述:要把岩石的主要特征加以简要的描述,包括岩石的名称、颜色、结构、构造以及成分等。

(7)化石:化石是鉴定地层最可靠的依据,因此必须把地层中所含的化石名称都写上。

(8)其他:地层中的矿产、水文地质、地貌及其他存在的问题都应注上。

(9)比例尺:地层柱状图是根据地层厚度编制的,因此要根据需要和使用方便按照比例尺缩小,一般都小于地质图的比例尺。

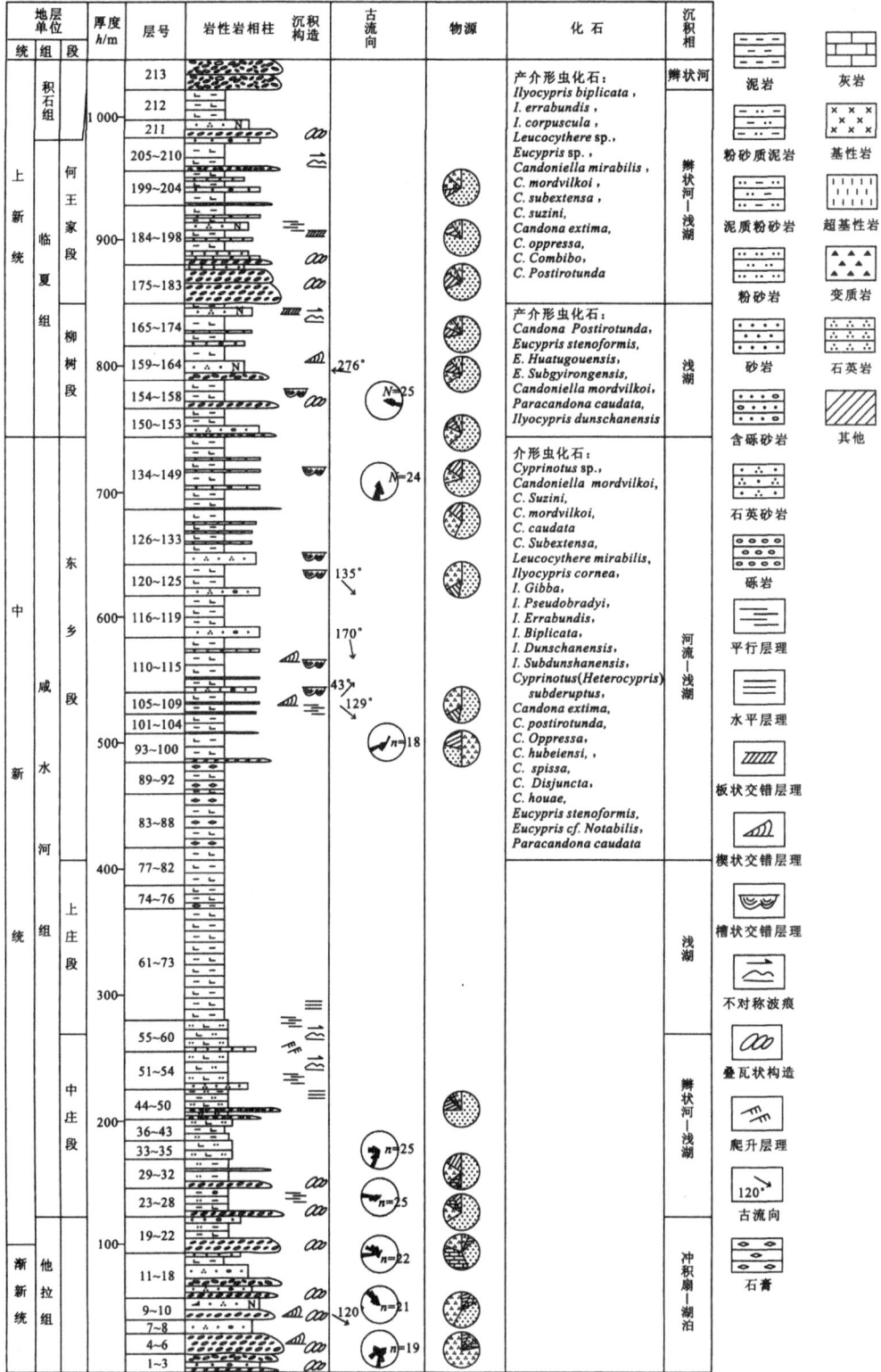

图 6-2 ××省××县实测剖面柱状图

(10)图名:通常是用实际资料的所在地名来命名,如果该地太小,则一定要写上大地名。

在图上必须写上制图人的姓名、所在的单位以及制图时间等。地层柱状图上的地层层序,必须从下而上、由老到新的绘制,绝不能颠倒。

四、实测地层剖面文字报告书的编写

每个地层实测剖面都有一个专门的文字报告,一个实测剖面的文字报告与附图材料应装在同一个资料袋内。

附件:实测剖面报告提纲

报告名称:××省××县××山××地层实测剖面报告

报告目录

(一)概述

1.实测剖面地点(省、县、乡、村、山名及具体位置)。

2.实测剖面的起、讫点,所实测的地层时代,剖面总长度,地层总厚度。

3.实测日期、参加人员。

(二)剖面叙述

自上而下按分层叙述(应包括上覆地层与下伏地层的岩性、化石、接触关系),每一层叙述的次序为:①分层号;②岩石性质;③化石名单;④分层厚度。

(三)小结

小结应包括主要收获(新发现解决的问题)、存在问题。小结的文字要求精炼,简明扼要。

文字报告附件:①实测剖面图;②地层柱状图;③化石鉴定报告;④其他(岩石薄片鉴定报告,化学分析、光谱分析结果报告等);⑤野外原始记录材料。

第七章
野外地质地貌实习安全事项

野外环境对于地质地貌实习人员来说,是相对陌生的,因而做好安全工作是保证考察工作顺利完成的必要条件。在野外,各种不确定因素随时可能对考察工作造成严重影响。环境越恶劣越复杂,野外工作的难度就越高,同时安全性越低。在环境极为恶劣和复杂的地区,更要做好安全防范措施。

第一节 野外实习着装与装备

一、野外实习着装

参加野外实习工作的老师和同学必须正确着装。如果衣服湿透了以至于瑟瑟发抖,就不能有效地进行野外实习工作了;在炎热的季节,晒伤或是昆虫叮咬都会使得工作者不能集中精力进行工作。以下是对进行野外实习工作的老师和学生们着装的建议。

(1)在夏季,有些地区会有大量的蚊子,因此需要穿袖子很长的衣服,有时甚至可以在脸上带上头罩。宽檐的帽子和偏光太阳镜可以有助于在强烈太阳光下进行观察并可免受暴晒之苦。

(2)在寒冷的地区,需要穿宽松的裤子,因为紧身牛仔裤不一定温暖,且一旦被淋湿就会变得很冷。

(3)即使天气暖和,在丘陵地区也要随身携带一件毛衣,以防着凉。并且选择亮色的衣服,如果发生意外,能更容易被搜救人员看到。同时,放一个针织毛线帽在包里备用,可以在必要时御寒,因为头皮比身体的其他任何部分的热量损失都快。

(4)选择露指手套可以让野外实习者在绘制地图时不必摘除它们,并且可以保护双手。

(5)穿具有防水透气功能的登山鞋或皮靴是非常必要的。在温暖的地区,轻便、透气性好、速干的靴子很受欢迎,如果弄湿了,它们很快就能变干。而较重的靴子比较适合在山区作业。

二、个人装备

野外实习与旅行、探险活动不同,它是针对一定的教学和科学目的而开展的,不是游山玩水。所以实习人员除携带日常生活、安全等户外用品外,还要携带一定的科学仪器,以及一定数量的标本采集和固定工具。而且由于沿途可能会收集到大量标本,因而装备上要尽量的精简有效。一些重要装备或是仪器放进包里之前应该用防水密封塑料袋封好,防止进水进沙,而且要便于查找。

1.衣物
衣服包括必需的内衣、裤子、步行鞋(登山鞋、雪鞋)等。另外,要根据气候和环境情况准备如橡胶雨靴、防水套装、绒衣、防寒服等各种备用衣物。

2.日常用品

日常用品包括皂类、毛巾、牙具、卫生纸以及消毒片等卫生用品,以及唇膏、防晒霜、墨镜等。

3.救生盒与药品

(1)救生盒一般用一个方形的不锈钢或铝制饭盒做成。必要时,救生盒可用来化雪煮水或蒸馏取水,盒盖光亮的内侧面可作为阳光的反光板发信号求救。盒中的物品包括:①一个薄而结实的塑料袋。大到刚好可以把身体放进去,紧急时可以钻进去保持体温,防止热量或身体水分散失过快。铺在地上可以隔潮,下雨时可作棚布,关键时还可以用来取水。②火种。一盒防水火柴、一块打火石和一个放大镜。③几段蜡烛。最好把它们削成长方形的小块,易于摆放,而且可以避免不慎一次用完。④一把多用途小刀。作为野外考察、实习、生存必备物品,以防万一。⑤一个小指南针。⑥一只小哨。可以用来求救或是吓跑猛兽。⑦一小袋盐、一些糖果、一小瓶复合维生素。在关键时刻可帮助保持体能。⑧细而结实的尼龙绳。如钓鱼线(5～10 m)。⑨胶布。可作补丁和紧急绷带。⑩针线包。针可以用来挑去扎在身上的异物,补缀衣裤。

(2)药品是野外实习和考察中必须携带的物品。救生盒中的药品一般是留到最后使用,而全队公用药品一般为突发严重事故准备。个人携带的药品有:外伤用药(消毒湿纸巾、创可贴、绷带、消肿止痛擦剂),内服用药(感冒药、退烧药、消炎药、止泻药、抗过敏药),其他(眼药水、万花油、止血贴、蛇药、藿香正气胶囊等)。

4.搬运用具

搬运工具包括背包、密封袋、绳等。

5.专用工具

专用工具包括指南针、高度计、照相机、地图、野外实习计划书、身份证、保单、刀具、应急手电、针线包等。

第二节　野外实习安全事项与突发事件处理

一、野外实习安全事项

陈宁华等将野外实习安全事项归纳出十条建议,具体如下。

(1)出发前了解实习区域的自然环境、地理、交通、治安等情况,了解情况越多越好。

(2)要准备充足的食品和饮用水。

(3)准备好手电筒和足够的电池,以便夜间照明使用。

(4)准备一些常用的治疗感冒、外伤、中暑的药品,准备保健箱和预防物品。

(5)要穿舒适的鞋子,最好是防水的。

(6)早晨夜晚天气较凉,要及时添加衣物,防止感冒。

(7)活动中不随便单独行动,应结伴而行,防止发生意外。

(8)晚上注意充分休息,以保证有充足的精力参加实习活动。

(9)不要随便采摘、食用蘑菇、野菜和野果,以免发生食物中毒。

(10)认真检查交通工具(包括易损备件、钢丝绳、拉绳)、通信工具,确保性能良好。

二、突发事件处理

1. 毒蛇咬伤

在山地进行地质地貌实习工作时,多有蛇类(毒蛇)出没,野外地质人员容易被蛇咬伤。

被毒蛇咬伤时,要迅速用布条、手帕、领带等将伤口上部扎紧,以防止蛇毒扩散,然后用消过毒的刀在伤口处划开一个长 1 cm、深 0.5 cm 左右的刀口,将毒液挤出,尽快送往医院做进一步治疗。预防被蛇咬的简单有效方法是打草惊蛇,随身携带蛇药。

2. 高处坠落

在险崖陡壁和老矿井开展地质地貌调查时,容易发生坠落事故。

发生坠落受伤时,应立即组织抢救,对伤者的伤口进行消毒止血,发现骨折应就地取材,用竹木片当夹板将骨折部位夹好绑紧,送医院治疗。为了预防坠落受伤,上下险崖陡壁和老矿井时应系好安全带,壁顶和井口要留人。

3. 食物中毒

吃了腐烂变质的食物,除了会腹痛、腹泻外,还会伴有发烧等症状。误食食物发生中毒情况时,应多喝些饮料或盐水,也可采取催吐的方法将食物吐出来。

4. 其他

当遇到触电、溺水、中毒以及心脏病或癫痫发作时,呼吸可能停止,需要及时进行人工呼吸,在正确急救的同时,拨打急救电话,尽快送医院抢救。

附录

附录一　我国各大城市磁偏角

城市	磁偏角/(°)	方向	城市	磁偏角/(°)	方向
漠河	11	西	长沙	2	西
齐齐哈尔	10	西	台北	2	西
哈尔滨	9	西	成都	1	西
延吉	9	西	广州	1	西
长春	9	西	海口	1	西
沈阳	8	西	拉萨	1	西
满洲里	8	西	赣州	2	西
大连	6	西	衡阳	2	西
承德	6	西	厦门	2	西
北京	6	西	兰州	1	西
天津	5	西	重庆	1	西
济南	5	西	遵义	1	西
青岛	5	西	西宁	1	西
保定	5	西	桂林	1	西
呼和浩特	4	西	贵阳	1	西
包头	4	西	许昌	3	西
大同	4	西	九江	3	西
太原	4	西	武汉	3	西
西安	2	西	南昌	2	西
上海	4	西	银川	2	西
南京	4	西	柳州	1	东
徐州	4	西	昆明	1	东
合肥	3	西	南宁	1	东
杭州	3	西	乌鲁木齐	2	西
郑州	3	西	福州	2	西

附录二　地质年代表

宇	界	系		统	代号	色谱	绝对年龄/Ma
显生宇	新生界（Kz）	第四系	Q	全新统	Q₄或Qₕ	淡黄色	
				更新统	Qₚ		2
		新近系	N	上新统	N₂	鲜黄色	
				中新统	N₁		23
		古近系	E	渐新统	E₃	土黄色	
				始新统	E₂		
				古新统	E₁		65
	中生界（Mz）	白垩系	K	上统	K₂	鲜绿色	
				下统	K₁		135
		侏罗系	J	上统	J₃	天蓝色	
				中统	J₂		
				下统	J₁		203
		三叠系	T	上统	T₃	绛紫色	
				中统	T₂		
				下统	T₁		250
	古生界（Pz）	二叠系	P	上统	P₂	淡棕色	
				下统	P₁		295
		石炭系	C	上统	C₃	灰色	
				中统	C₂		
				下统	C₁		355
		泥盆系	D	上统	D₃	咖啡色	
				中统	D₂		
				下统	D₁		408
		志留系	S	上统	S₃	果绿色	
				中统	S₂		
				下统	S₁		435
		奥陶系	O	上统	O₃	蓝绿色	
				中统	O₂		
				下统	O₁		510
		寒武系	∈	上统	∈₃	暗绿色	
				中统	∈₂		
				下统	∈₁		570
元古宇（Pt）		Pt₃	震旦系		Z	绛棕色	
							1000
		Pt₂				棕红色	
		Pt₁					2500
太古宇（Ar）						玫瑰红色	

附录三 东秦岭(商洛市)山间盆地综合地层简表

地层				代号	厚度/m	主要岩性及化石代表	相当地层组
界	系	统	组				
新生界	第四系	全新统		Q		砂、砾石、砂土及黄土 *Ailuroda*、*Hyaena sinensis*、*Siegodon*、*Equus sanmenensisi*、*Pseudaxis cf. hortulorum*	
		更新统					
	第三系	上新统	南沟组	N_2n	3.6	砂砾岩、粉砂岩 *Sinomastodon intermedius*	南沟组
		中上新统	峰陵组	N_1^3f	8	暗红色砂质黏土、砂砾岩 *Ictitherium*、*Hipparion*、*Chilotherium*、*Gazella gaudryi*	峰陵组 疙瘩庙组
		渐新统	老庄组	E_3l	380～600	大套厚层灰褐色砾岩、砂砾岩,有的盆地有砂质泥岩夹薄层泥灰岩	老庄组 圖圖山组 观音寺组
		中下古新统	樊沟组	$E_1^{1-2}f$	170～380	浅红棕色泥岩、泥质粉砂岩夹砂砾岩 *Prosarcodon luonanensis*、*Bemalambda zhou*、*B. cf. pachyoesteus*、*Hukoutherium shimenensis*	樊沟组 鹃岭组 李家庙组
中生界	白垩系	上白垩统	山阳组	K_2sh	607～1050	上部:红褐色砂质泥岩与灰、绿、白色砂岩、含砾砂岩互层 *Tyrannosauridae*、*Truncatella*、*Shangdongosaurus giganteus*、*Talicypridea* 下部:暗褐红色砂岩、砂砾岩、泥质砂岩 *Shanyangoolithus shangyangensis*、*Elongatoolithus elongatus*	山阳组 红土岭组 李家村组
		下白垩统	东河群	K_1d	500～900	上部:灰绿、褐黄色泥质砂岩,砂岩 *Sphaerium jehelensis*、*Ziziphocypris simakovi*、*Acanthopteris elongates* 下部:灰黑、灰绿色泥岩,砂岩,薄层泥灰岩,炭质页岩 *Ephemeropsis trisetalis*、*Eosestheria gouyuensis*、*YanJestheria yumenensisi*	东河群 郭家村组

附录四　地质图常见图案、花纹、符号

一、沉积岩

名称	图例	名称	图例	名称	图例
角砾岩		复成分砾岩		石英杂砂岩	
砂质角砾岩		钙质砾岩		长石石英杂砂岩	
泥质角砾岩		硅质砾岩		长石杂砂岩	
钙质角砾岩		凝灰质砾岩		黏土粉砂质砂岩	
硅质角砾岩		冰碛砾岩		泥质砂岩	
铁质角砾岩		砂岩		钙质砂岩	
砾岩		含砾砂岩		凝灰质砂岩	
巨砾岩		粗砂岩		含铁砂岩	
粗砾岩		中砂岩		含铜砂岩	
中砾岩		细砂岩		含磷砂岩	
细砾岩		石英砂岩		含油砂岩	
含角砾砾岩		长石砂岩		粉砂岩	
砂质砾岩		长石石英砂岩		含砾粉砂岩	
砂砾岩		海绿石砂岩		含泥粉砂岩	
石英砾岩		复成分砂岩（杂砂岩）		泥质粉砂岩	

续表

名称	图例	名称	图例	名称	图例
钙质粉砂岩		含钾页岩		颗粒灰岩	
含碳质粉砂岩		沥青页岩		砾屑灰岩	
含钾粉砂岩		油页岩		砂屑灰岩	
凝灰质粉砂岩		泥岩		粉屑灰岩	
铁质粉砂岩		粉砂质泥岩		结晶灰岩	
页岩		斑脱岩		微晶灰岩	
粉砂质页岩		粘土岩[黏土岩]		细晶灰岩	
钙质页岩		高岭石粘土岩[高岭石黏土岩]		粉晶灰岩	
硅质页岩		伊利石粘土岩[伊利石黏土岩]		粗晶灰岩	
碳质页岩		蒙脱石粘土岩[蒙脱石黏土岩]		生物屑灰岩	
含碳质页岩		绿泥石-伊利石泥岩		砾泥灰岩	
凝灰质页岩		灰岩（石灰岩）		鲕状灰岩	
铁质页岩		薄层灰岩		薄纹层灰岩	
铝土页岩		页片状灰岩		钙壳灰岩	
含锰页岩		泥粒灰岩		核形石灰岩	

续表

名称	图例	名称	图例	名称	图例
泥晶灰岩		条带状灰岩		粉屑白云岩	
亮晶灰岩		竹叶状灰岩		角砾状白云岩	
礁灰岩		瘤状灰岩		硅质白云岩	
礁屑粒泥灰岩		豹皮状灰岩		等深积岩	
礁碎块灰岩		泥灰岩		浊积岩	
障积灰岩		白云岩		风暴岩	
包粒灰岩		颗粒白云岩		震积岩	
骨架灰岩		鲕状白云岩		海滩岩	
铁质灰岩		泥晶白云岩			
锰质灰岩		亮晶白云岩			
硅质灰岩		砂质白云岩			
白云质灰岩		泥质白云岩			
碳质灰岩		灰质白云岩			
沥青质灰岩		砾屑白云岩			
含燧石结核灰岩		砂屑白云岩			

二、岩浆岩

名称	图例	名称	图例	名称	图例
超基性岩（未分）		角闪辉石岩		橄榄辉长岩	
橄榄岩		角闪紫苏辉石岩		辉绿辉长岩	
镁铁橄榄岩		角闪二辉岩		辉绿岩	
纯橄榄岩		角闪透辉石岩		辉长辉绿岩	
金伯利岩（角砾云母橄榄岩）		含长辉岩		石英辉绿岩	
辉石橄榄岩		含长紫苏辉石岩		玢岩	
辉橄岩（橄辉岩）		含长二辉岩		辉长玢岩	
石榴子石橄榄岩		含长透辉石岩		辉绿玢岩	
尖晶石橄榄岩		苦橄玢岩		中性岩（未分）	
橄榄辉石岩		基性岩（未分）		闪长岩	
辉石岩		斜长岩		辉长闪长岩	
二辉岩		石英斜长岩		辉石闪长岩	
紫苏辉石岩		苏长岩		角闪闪长岩	
古铜辉石岩		辉长岩		黑云母闪长岩	
异剥辉石岩（异剥岩）		二辉辉长岩		石英闪长岩	
透辉石岩		角闪石岩		顽火辉石岩	

名称	图例	名称	图例	名称	图例
石英闪长斑岩（石英闪长玢岩）		酸性岩（未分）		花岗闪长岩	
石英二长闪长岩		花岗岩		花岗闪长斑岩	
闪长玢岩（闪长斑岩）		花岗斑岩		堇青花岗闪长岩	
二长闪长岩		花斑岩		英云闪长岩	
正长闪长岩		环斑花岗岩		碱性岩	
二长岩		晶洞花岗岩		霞斜岩	
二长斑岩		黑云母花岗岩		霓霞岩	
石英二长岩		白云母花岗岩		霓辉岩	
正长岩		二云母花岗岩		霞石岩	
英辉正长岩		正长花岗岩		霞石正长岩	
正长斑岩		斜长花岗岩（奥长花岗岩）		霞石正长斑岩	
石英正长岩		二长花岗岩		斑霞正长岩	
辉石正长岩		碱长花岗岩		云霞正长岩	
角闪正长岩		角闪花岗岩		橄榄霞石岩	
黑云母正长岩		紫苏花岗岩		石英碱长正长岩	
		白岗岩			

三、变质岩

名称	图例	名称	图例	名称	图例
板岩		绿泥片岩		钠长绿泥片岩	
钙质板岩		石墨片岩		硬绿云母片岩	
硅质板岩		石榴片岩		白云石绿泥片岩	
砂质板岩		阳起片岩		阳起蛇纹片岩	
碳质板岩		十字片岩		绿帘石黑云片岩	
凝灰质板岩		红柱片岩		含蓝晶石黑云片岩	
绢云板岩		堇青片岩		蓝晶黑云片岩	
绿泥石板岩		蓝闪石片岩(蓝闪片岩)		角闪石榴云母片岩	
空晶石板岩		滑石片岩		绢云千枚岩	
红柱石板岩		蛇纹片岩		绿泥千枚岩	
千枚状板岩		橄榄片岩		绢云绿泥千枚岩	
含砾板岩		斜长绿泥片岩		片岩	
千枚岩		角闪石英片岩		石英片岩	
钙质千枚岩		榴云片岩		角闪片岩	
石英千枚岩		蓝晶矽线片岩		斜长角闪片岩	
		十字黑云片岩		黑云片岩	

续表

名称	图例	名称	图例	名称	图例
二云钾长 片麻岩		透辉石 培长石 麻粒岩		黑云斜长 角闪岩	
角闪钾长 片麻岩		紫苏 麻粒岩		石榴斜长 角闪岩	
辉石钾长 片麻岩		麻粒岩		绿帘斜长 角闪岩	
矽线钾长 片麻岩		蓝晶石正 长麻粒岩		大理岩	
二长 片麻岩		紫苏辉 石长英 麻粒岩		大理岩化灰岩	
斜长 片麻岩		辉石 麻粒岩		白云石 大理岩	
角闪斜长 片麻岩		浅粒岩		白云质 大理岩	
十字黑云 片麻岩		变粒岩		菱镁石 大理岩	
矽线二云 片麻岩		角闪 变粒岩		含石英 大理岩	
蓝晶云母 片麻岩		黑云 变粒岩		钠长 大理岩	
榴云 片麻岩		紫苏钠长 变粒岩		硅灰石 大理岩	
花岗 片麻岩		斜长角闪 变粒岩		石墨 大理岩	
正片麻岩		榴辉 变粒岩		含磷 大理岩	
副片麻岩		橄榄 变粒岩		磷灰石 大理岩	
片麻岩 （正副未分）		磁铁 石英岩		蛇纹石 大理岩	
钾长 片麻岩		斜长 角闪岩		滑石 大理岩	
黑云钾长 片麻岩		辉石斜长 角闪岩		白云母钾 长片麻岩	

续表

名称	图例	名称	图例	名称	图例
绿帘石大理岩		榴辉角闪岩		镁质角岩(未分)	
方柱石大理岩		角岩(未分)		紫苏辉石角岩	
透闪石大理岩		云母角岩(未分)		矽卡岩(不分)	
阳起石大理岩		绢云母角岩		钙质矽卡岩(csk)	
黝帘石大理岩		堇青石黑云母角岩		镁质矽卡岩(msk)	
符山石大理岩		红柱石黑云母角岩			
石榴石大理岩		长英角岩(未分)		变流纹岩	
石榴石辉石大理岩		矽线石角岩		变安山岩	
镁橄榄石大理岩		红柱石角岩		变玄武岩	
透辉石大理岩		钙质角岩(未分)		变质砂岩	
镁橄榄石透辉石大理岩		符山石硅灰石角岩		变质砾岩	
透辉石硅灰石大理岩		硅灰石角岩		长石石英岩	
榴辉岩		基性角岩(未分)		石英岩	
柯石英榴辉岩		透辉石角岩		刚玉岩	
含金刚石榴辉岩		石榴石透辉石角岩		硬玉岩	

四、蚀变岩、混合岩

名称	图例	名称	图例	名称	图例
矽卡岩化	Sk	钾长石化	Kf	绿泥石化	Chl
角岩化	Hs	钠长石化	Ab	高岭土化	El
大理岩化	Mb	黑云母化	Bi	重晶石化	Bar
白云岩化	Dol	白云母化	Mu	滑石化	Tc
云英岩化	Gs	绢云母化	Ser	混合岩	
次生石英岩化（岩帽）	Qz	电气石化	Tou	渗透状混合岩	
黄铁细晶岩化	Py	方柱石化	Scp	眼球状混合岩	
碳酸盐化	Carr	透辉石化	Di	香肠状混合岩	
沸石化	Ze	阳起石化	Act	条纹（痕）状混合岩	
萤石化	Fl	纤闪石化	Utl	条带状混合岩	
磁铁矿化	Mt	绿帘石化	Ep	雾迷状混合岩	
黄铁矿化	Py	黝帘石化	Zo	均质混合岩	
黄铜矿化	Cp	褐铁矿化	Lm	混合花岗岩	
硅化	Si	青盘岩化	Prop	混合花岗闪长岩	
蛇纹石化	Sep	明矾石化	Aln	混合二长花岗岩	
绢英岩化	Qsr	叶腊石化	Pyl	边缘混合岩（带）	

五、构造岩

名称	图例	名称	图例	名称	图例
压碎 角砾岩		碎斑岩		初糜棱岩	
磨砾岩		碎粒岩		糜棱岩	
碎裂岩		碎粉岩		超糜棱岩	
碎裂岩化 花岗岩		玻状岩 (假玄武玻璃)		千糜岩	
碎裂岩化灰岩		变晶 糜棱岩 (变余糜棱岩)			

参考文献

[1] 陈宁华,胡程青,程晓敢.野外地质简明手册:安徽巢北区域地质填图实习指导[M].杭州: 浙江大学出版社,2015.

[2] 程弘毅,王乃昂.西秦岭地质地貌野外实习教程[M].北京:科学出版社,2011.

[3] 张国伟,等.秦岭勉略构造带与中国大陆构造[M].北京:科学出版社,2015.

[4] 段汉明.地质美学[M].北京:科学出版社,2010.

[5] 何治亮.东秦岭-大别造山带及两侧盆地演化与油气勘探[M].武汉:中国地质大学出版 社,2013.

[6] 揭毅.地质地貌野外实习指导[M].武汉:华中师范大学出版社,2016.

[7] 景向伟.延安地区野外地质实习指导书[M].北京:石油工业出版社,2011.

[8] 雷祥义.商州黄土记录的最近六十万年来东秦岭古环境变迁[J].海洋地质与第四纪地质, 1999,19(1):63-72.

[9] 李晓刚,黄春长,庞奖励.丹江上游全新世早期古洪水滞流沉积物粒度特征研究[J].干旱 区地理,2014,37(4):646-655.

[10] 鹿化煜,张红艳,王社江,等.东秦岭南洛河上游黄土地层年代的初步研究及其在旧石器 考古中的意义[J].第四纪研究,2007,27(4):559-567.

[11] 鹿化煜,张红艳,孙雪峰,等.中国中部南洛河流域地貌、黄土堆积于更新世古人类生存环 境[J].第四纪研究,2012,32(2):167-177.

[12] 骆满生,张克信,林启祥,等.青藏高原东北缘循化-化隆地区新生代沉积古地理演化[J]. 地质科技情报,2010(29):23-31.

[13] 孟庆任.秦岭的由来[J].中国科学:地球科学,2017(47):412-420.

[14] 齐矗华.丹江上游河谷地貌的演变及其发展趋势[J].陕西师范大学学报(自然科学版), 1984(1):80-92.

[15] 陕西省地质矿产局.陕西省区域地质志[M].北京:地质出版社,1989.

[16] 陕西省地质矿产局.陕西省岩石地层[M].武汉:中国地质大学出版社,1998.

[17] 陕西省《商洛地区地理志》编写组.陕西省商洛地区地理志[M].西安:陕西人民出版 社,1981.

[18] 王非,李红春,朱日祥,等.晚第四纪中秦岭下切速率与构造抬升[J].科学通报,2002,47 (13):1032-1036.

[19] 王社江,沈辰,胡松梅,等.洛南盆地1995—1999年野外地点发现的石制品[J].人类学学 报,2005,24(2):87-103.

[20] 王社江,张小兵,鹿化煜,等.丹江上游商丹盆地新发现的旧石器及其埋藏黄土地层[J]. 人类学学报,2013,32(4):421-431.

[21] 薛祥煦,张云翔,毕延,等.秦岭东段山间盆地的发育及自然环境变迁[M].北京:地质出

版社,1996.

[22] 杨丹,庞奖励,黄春长,等.陕西商丹盆地一级阶地上黄土的微量元素分布特征及其气候意义[J].干旱区研究,2016,33(6):1195-1201.

[23] 张卓,李晓刚.商州黄土中 $CaCO_3$ 含量及其环境意义[J].甘肃科学学报,2014,26(4):77-80.

[24] 赵德思.区域地质野外调查实习指导书[M].哈尔滨:哈尔滨工程大学出版社,2009.

[25] 周鼎武,李文厚,张云翔,等.区域地质综合研究的方法与实践:鄂尔多斯-秦岭造山带地质野外实习指导书[M].北京:科学出版社,2002.